Joe Rißmann
Claudia Nehm
Schäferstunden

Joe Rißmann
Claudia Nehm

Schäferstunden

Mein Leben als Hirte auf der Alp

Lübbe Hardcover

INHALT

MEIN LANGER WEG AUF DIE ALP

Da unten liegt er. Türkisblau und spiegelglatt. Wolkentupfer auf der Oberfläche und ganz hinten eine weiße Mauerschlange, die ihn festhält mitten in den Bergen, wo er die beiden Gebirgshälften teilt. Mein See, der Lago di Luzzone! Ein Stausee. Er sieht aus, als hätte er schon immer dort gelegen. Und was mich betrifft, ist es auch so. Ich könnte mir keine Alpe Garzott ohne Stausee vorstellen. Wenn ich aus der Hütte und auf die Sonnenterrasse trete, sehe ich ihn, tausend Meter unterhalb.

Weiter links sehe ich das, weswegen ich eigentlich hier bin: Schafe. Ein paar Hundert sind es vielleicht, die sich noch auf dieser Wiese tummeln, während die anderen schon eine Stufe höher gewandert sind. Die Leitschafe mit den Glocken um den Hals, damit ihre Herden folgen können, wenn sie sich auf den Weg machen. Hinter ihnen die vielen Schafe ohne Glocken. Hundert Tage werde ich jetzt die Glocken bimmeln hören, und, ganz ehrlich, für mich ist die Stille nur still, wenn ich Schafsglocken in der Ferne läuten höre. Zwischen hupenden Autos und quietschenden Straßenbahnen vermisse ich nichts mehr als dieses Geräusch.

Hundert Tage lang bin ich von Autos und Straßenbahnen weit entfernt. Abgesehen von meinem eigenen Auto, das auf dem Wandererparkplatz zu Füßen des Bergs steht. Hundert Tage werde ich es nicht bewegen. Die Zeit vom Alpauftrieb bis zum Alpabtrieb.

Jetzt sitze ich auf meinem Lieblingsplatz, in einer Einbuchtung zwischen zwei Hügeln, ein Stück von meiner Hütte entfernt, und genieße die Aussicht auf den See. Die Berge fallen steil nach unten ab. Gras bedeckt sie nur teilweise, hier und da haben sich ein paar Büsche aus dem kargen Boden gekämpft und zwischendurch glitzert etwas Schnee. Ja, und dann gibt es noch die Disteln. Wie im richtigen Leben. Unten, im Tiefland.

Wie bin ich hier gelandet, und was soll das eigentlich werden, was ich hier schreibe? Etwa ein Roman? Ein Selbsthilfebuch vielleicht? Oder so eine Art Pilgergeschichte?

Nein. Mein Buch ist ein Spaziergang durch die letzten drei Jahre meines Lebens. Nicht chronologisch, Tag für Tag, Monat für Monat, auch nicht geradlinig, Meter für Meter, sondern verschlungen, kreuz und quer, hin und her, bergauf, bergab. Mein Weg vom Inhaber eines Fotogeschäfts und Obermeister einer Fotografeninnung mittendrin im Großstadtleben hin zu einem Berufsschäfer und Hobbyfotografen in zweitausendeinhundert Meter Höhe. Oder umgekehrt. Je nachdem, zu welcher Jahreszeit man es betrachtet. Die Sommer wandere ich über die Schweizer Berge, die Winter verbringe ich am Rand der Pfälzer Berge. Ein Ausstieg auf Zeit, sozusagen.

Meine geplante Wanderroute war eigentlich eine ganz andere: Ich wollte meinen mit siebzehn Jahren eingeschlagenen Weg als Fotograf weitermarschieren bis zum Ende. Vielleicht später einmal mehr Bildbände fotografieren, hier und da eine kleinere oder größere Ausstellung bestücken und Ähnliches. Aber in jedem Fall wollte ich mein Geld verdienen als selbstständiger Fotograf mit eigenem Fotostudio, ohne jemanden, der mir sagt, was ich tun soll. Außer meiner Freundin natürlich.

Zwölf Jahre lang bin ich morgens um sieben aufgestanden und bin, den oder die Hunde im Gepäck, mit meinem roten Landrover ins Geschäft gefahren, habe Kunden beraten und Kameras verkauft, Aufnahmen von Vollversammlungen, Pipelines und Managern gemacht, Bilder entwickelt und abends Geld gezählt.

Dass das Geld in der Kasse immer weniger wurde, wollte ich erst nicht wahrhaben. Schon gar nicht, dass die Digitalfotografie ein Fotogeschäft im klassischen Sinne nicht mehr rentabel machte. Als ich die Augen nicht mehr davor verschließen konnte, stand ich da, ohne Hoffnung auf ein weiteres erfülltes Berufsleben. Ohne einen vertrauten Ort, an dem man mich morgens erwartete.

Nach zehn fetten und zwei mageren Jahren bestieg ich an einem Tag im Mai meinen Landy, lud meine Hunde Senta und Leo hinten ein, fuhr nach Karlsruhe, steckte zum letzten Mal den Schlüssel mit der grünen Kappe ins Schloss, trat in die Fabrikhalle, die längst nicht so schön war wie mein sonnengelbes Geschäft in der Erbprinzenstraße, das ich aufgeben musste, und verabschiedete mich von meinen Scheinwerfern, Kameras, Fotoalben, Outdoortaschen, von den PCs und Printern. Natürlich auch von meinen Leuten, von der heißblütigen Eli und der schüchternen Jenny, meinen ausgelernten Fotografinnen, und von den vier Azubis, die fast schon zur Familie gehörten.

»Joe, wollen wir nicht zusammen irgendwas aufziehen? Nur mit Studio? So im Kleinen? Das wär doch cool, oder?« Eli blickte mich hoffnungsvoll an.

»Klar, das wär was. Aber ich kann nicht.« Ich erklärte Eli, dass ich eine Auszeit von der Fotografie brauchte. Mein Geschäft war mein Leben gewesen. Ich hatte mich zu sehr daran gewöhnt. Ich konnte jetzt nicht einfach mein großes Geschäft eintauschen gegen ein kleines Studio. Vorher musste ich versuchen, ohne das alles zurechtzukommen.

Irgendwann, das wusste ich, würde ich mit etwas Abstand wieder Lust haben zu fotografieren. Und wenn es so weit war, würde ich vielleicht mit Eli ein Fotostudio eröffnen.

An diesem Maitag befand ich mich in einer trostlosen Lage. Ich war arbeitslos. Ein schrumpeliger Apfel, in den keiner mehr beißen möchte.

Außer meiner Tochter. Die beißt mich wirklich gern. Vor allem, wenn ich ihr verbiete, mit dem Schwanensee-Tutu zu Aldi zu gehen. Bei Janika hätte ich natürlich bleiben können, ganz modern als Hausmann mit arbeitender Frau. Aber dazu war ich nicht in der Lage. Ganz und gar nicht. Wenn das Leben einem trostlos und düster vorkommt, ist man kein guter Ratgeber und Erzieher.

Aber was würde mein Leben ausfüllen? Auf keinen Fall die Fotografie. Damit wollte ich nichts mehr zu schaffen haben. Was also tun? Die Bettdecke über die Ohren ziehen und die Tage verschlafen? Ein Facebook-Junkie werden und im virtuellen Paralleluniversum meine Erfolgsfantasien ausleben? Oder mit meinen Hunden endlos durch die Wälder ziehen? Vielleicht eine Therapeutin aufsuchen und ihr erzählen, wie ungeliebt ich mich fühle? Nein, das alles würde mein Leben ganz bestimmt nicht ausfüllen.

Aber es gab etwas, das ich schon immer hatte tun wollen, schon als ganz kleiner Junge. Während ich unser Leitschaf Carmen an der Nase kraulte, wusste ich es wieder: Ich werde Schäfer. Nicht mit den vier Schafen, die wir daheim besaßen, nein, so richtig mittendrin im Gewusel von Hunderten Schafen wollte ich durch die Lande ziehen. Genau wie mein Großonkel, der selbst als Wanderschäfer gearbeitet hat.

Warum gerade Schafe? Das fragt sich vielleicht mancher Großstadtbewohner. Sind Schafe nicht schmutzig, und stinken sie nicht obendrein? Nein, weder das eine noch das andere. Schafsköttel sind wahrscheinlich die einzigen Köttel, die nicht riechen. Außerdem gibt es für mich keine Tiere, die mehr Ruhe ausstrahlen. Die Welt ist schön, wenn ich auf einer Wiese sitze und Schafe um mich herum weiden sehe.

Vor Freude über die neu gewonnene Erkenntnis stieß ich

ein lautes Ja! in die Luft. Unsere vier Schafe schreckten zusammen.

Genau wie meine Freundin, der ich später von meinem Plan berichtete.

»Meinst du nicht, dass vier Schafe reichen?«

»Vier Schafe sind schön, aber vierzig Schafe sind noch schöner, und mit vierhundert Schafen kann man sogar Geld verdienen«, erklärte ich entschlossen. »Und außerdem: Du magst Schafe doch auch. Warum sonst hätten wir unsere drei damals angeschafft?«

»Ja, schon«, antwortete sie, »ich mag Schafe. Als Haustiere, als Landschaftspfleger oder als Allergiehemmer für Janika. Aber doch nicht als Arbeitgeber!«

Es dauerte ungefähr eine Pizza, einen Nachtisch und drei Glas Rotwein, bis ich sie am Ende doch überzeugen konnte. Und so schwer war es auch gar nicht. Meine Freundin hat schließlich nicht nur ein Herz für mich, sondern auch ein Herz für Tiere.

Nach dem Essen saßen wir auf den Holzstühlen in unserem Hof, den Stall vor der Nase, die Scheune im Hintergrund, und atmeten den Bauernhofduft ein. Die Kleine schlief auf meinem Arm (schlafende Kinder sind ähnlich beruhigend wie grasende Schafe, aber vierhundert Kinder würde ich freiwillig nicht betreuen) und wir erinnerten uns daran, wie wir uns die Schafe angeschafft hatten.

Drei bergfeste Mädels

Kinder, die mit Tieren aufwachsen, sind sozialer und haben weniger Allergien, hatten wir gelesen. Und überhaupt, was wäre ein Bauernhof ohne Tiere? Ein Stall, der nicht bewohnt ist? Ein tausendfünfhundert Meter großes Grundstück, das nicht beweidet wird? Es gab nur eine Lösung: Ein Hoftier musste her. Haustiere hatten wir ja schon, Hunde und Hasen, und davon reichlich. Wir brauchten etwas Nützliches, etwas Unkompliziertes und vor allem etwas Grasfressendes. Schafe! Was sonst?

Nur die Frage der Rasse war nicht so leicht zu klären. Merinos vielleicht? Viel zu langweilig! Jeder hatte Merinoschafe. Oder Schwarzkopfschafe? Am besten im Internet recherchieren. Aha! Das klang doch interessant:

Das braune (und auch das weiße) Bergschaf gehörten zu den stark gefährdeten Schafrassen in Deutschland, hieß es auf der Seite einer Initiative zur Erhaltung gefährdeter Haustierrassen. Nur etwa tausend reinrassige Zuchttiere kämen vom braunen Bergschaf noch vor. Die Hauptzuchtgebiete seien in Bayern oder der Schweiz. »In den Nachkriegsjahren war die Schafrasse schon fast ausgestorben, da keiner die braune Wolle haben wollte, weil sie schlecht zu färben war.« (Ist übrigens heute noch so. Wir haben glücklicherweise zwei Abnehmerinnen gefunden, die auf Mittelaltermärkten gern braune Filzarbeiten verkaufen. Die beiden sind ganz begeistert von unserer Wolle.) Außerdem seien die braunen Bergschafe wetterfeste und robuste Tiere. In ihrer Heimat würden die Bergschafe im Sommer auf der Alm gehalten, bei Wind und Wetter. »Die grobe und lange Wolle lässt den Regen kaum auf die Haut, die harten Klauen sollen sogar relativ unempfindlich gegen Moderhinke sein.«

Perfekt. Mein Entschluss stand fest: Bergschafe sollten es sein. Das Aussehen war zwar gewöhnungsbedürftig, und ich musste meiner Freundin die leicht gebogene Nase erst schmackhaft machen, aber letztlich teilte sie meine Meinung. Das einzige Problem an der Sache waren die Zuchtgebiete. Bayern und die Schweiz lagen nicht gerade um die Ecke.

Die Schweiz kam überhaupt nicht infrage für den Tierimport. Aber selbst aus Bayern hatte man zu der Zeit (es war gerade die Hochphase der Blauzungenkrankheit) keine Ausfuhrerlaubnis für Schafe. Geschweige denn, dass wir einen Hänger hatten. Aber ich dachte, damit könnten wir uns befassen, wenn es an der Zeit war.

Schon einige Wochen später hatte ich einen Bergschafbesitzer in Bayern ausfindig gemacht, der drei seiner Mädels verkaufen wollte. Drei sechs Monate alte Lämmer. Ausgerechnet sechs Monate. Wie unsere Tochter. Wenn das kein Zeichen war!

Nun hieß es, das Firmenauto, einen Lieferwagen, für den Transport vorzubereiten. Der Boden wurde mit Zeitungen und Heu ausgelegt und eine provisorische Pappwand sollte die Ladefläche nach vorn hin abschließen. Sehr zuverlässig sah das Ganze nicht aus.

Wir ließen unsere Tochter bei Omi und Dei (so nennt sie den Großpapi) zurück und machten uns auf den Weg. Nach gut drei Stunden Fahrt kamen wir bei dem Verkäufer an, einem vierschrötigen langbärtigen, aber brummelig-freundlichen Tierarzt mit Großfamilie und Kleintierzoo. Die Schafe lebten als Einzige nicht im und am Haus, sondern auf einer Wiese etwas außerhalb. Der Tierarzt und seine Frau wollten ihre Herde verkleinern, weil sie planten, in Zukunft verstärkt auf Fuchsschafe zu setzen. Übrigens auch eine attraktive Rasse, die meiner Freundin im ersten Moment sogar noch besser gefiel.

Die drei Lämmer, von denen das eine, ein Zwilling, etwas kleiner geraten war, empfingen uns nicht gerade euphorisch. Sie bockten und rannten vor uns weg, so weit sie konnten, nämlich bis ans andere Ende der Koppel. Süß waren sie. Nicht ganz so süß wie unsere Tochter, aber schön knuddelig mit ihrer hellbraunen Wolle. Viel kleiner als die wuchtigen Mamas und Papas um sie herum.

Der Verkauf wurde zunächst per Handschlag und später ganz förmlich am Tisch besiegelt. Mit vereinten Kräften schoben und zerrten der Tierarzt, seine Frau und wir die drei in den verdunkelten Laderaum des Lieferwagens. Ich hätte mir auch nicht träumen lassen, eines Tages Schafe über zwei Bundeslandgrenzen nach Rheinland-Pfalz zu schmuggeln. Dass man überhaupt etwas über eine Bundeslandgrenze schmuggeln konnte, fand ich unvorstellbar genug.

Eine Polizeistreife hätte ihre Freude an uns gehabt. Aber wir sind keiner begegnet. Ich hoffe, die Tat ist inzwischen verjährt, und im Übrigen sind in dieser Geschichte Ähnlichkeiten mit lebenden Personen ohnehin rein zufällig.

Die Fahrt war auch so wahnsinnig aufregend. Jeden Moment fürchteten wir, die Pappbarriere würde uns um die Ohren fliegen und wir hätten wütend blökende Schafsköpfe im Nacken. Mit einem solchen Krawall hatte ich nicht gerechnet. Zumal die Schafe ja nicht allein waren, sondern in der vertrauten Gesellschaft ihrer Halb- oder Ganzschwestern.

Aber irgendwann hatten wir es geschafft, sie über die Grenzen zu entführen und in dem vorbereiteten Stall unterzubringen, in dem früher einmal Kühe zu Hause waren. Mit etwas Hafer ließen sie sich schnell ruhig stimmen. Wir gaben ihnen Namen, Carmen, Tosca und Mimi (wie man sieht, hat meine Freundin eine Leidenschaft für Opernfiguren), und fortan waren sie ein Teil der Familie. Janika war begeistert. Sie krabbelte mit ihren sechs Monaten zwischen den gleichaltrigen Schafen herum, als wären es Kuscheltiere. Inzwischen kann sie aber auch energisch sein und ihnen zeigen, wo es langgeht.

Aus den drei Schafen wurden im Lauf der Zeit und mithilfe eines geliehenen Bocks bald zehn. Sechs davon haben wir inzwischen allerdings an einen befreundeten Hobbyschäfer abgegeben.

Und als hätte ich geahnt, was das Schicksal einmal für mich bereithalten würde, besuchte ich fast ein Jahr vor Aufgabe meines Geschäfts in einem Gut in der Pfalz mehrere Kurse: Sachkundeprüfung Schaf, Schafe scheren, Lammzeit richtig managen, Schlachten und Klauen schneiden.

Hirte gesucht

So sah die Sache also aus: vier Schafe im Stall, fünf Zertifikate in der Tasche, keine Arbeit. Wie konnte ich unter diesen Voraussetzungen meinen Traum verwirklichen? Und nicht nur das. Konnten mir die Schafe helfen, der alten Umgebung für eine Zeit lang zu entfliehen? Etwas ganz anderes zu versuchen, um dann erhobenen Hauptes zurückzukehren?

Während ich mit diesen Gedanken im Schaukelstuhl saß, den Laptop auf dem Schoß, stieß ich mehr oder weniger zufällig im Internet auf die Homepage der Schweizer Älplerinnen und Älpler und die Seite mit der Rubrik »Alpstellen«.

Die Stellenangebote waren sortiert nach Hilfe oder Hirte, nach Tierart und Alpname. Es gab Einträge wie:

»Hilfe, Le Puledraie di Sterpeti, Pferde, Kühe, Federvieh, Kaninchen, Hunde, Katzen« und dazu die Erläuterung: »Achtung: Unser Mädels-Team ist erst mal komplett – jetzt suchen wir kräftige Burschen, die Lust haben, mit anzupacken. Für unseren wunderschön im Herzen der Maremma (Toscana) gelegenen Hof suchen wir tatkräftige Unterstützung. Wir freuen uns das ganze Jahr über auf motivierte Helfer mit handwerklichem Geschick für unseren biodynamischen Betrieb (im Aufbau). Für Kost und Logis ist gesorgt.«

Nun ja. Mit der Rolle des kräftigen Burschen in einem Mädels-Team zum Hungerlohn konnte ich mich nicht so ganz identifizieren.

Ein anderes Inserat lautete: »Hirte, Le Cray, Schafe (770) bis Anfang Oktober, suche selbstständigen zuverlässigen Hirten für Schafalp.« Das klang schon besser.

Alle Schafalpangebote nahm ich genauer unter die Lupe. Die Zeiten reichten von drei bis sechs Monaten. Ein halbes Jahr kam nicht infrage. Ich wollte die Toleranz meiner Freundin nicht zu arg strapazieren.

Also konzentrierte ich mich auf die höchstens vierteljährlichen Hirtenstellen. Eine im unteren Drittel der Angebotsseite gefiel mir: Für hundert Tage wurde im Turtmanntal, irgendwo im Wallis, ein »zuverlässiger Hirte mit Schafserfahrung« gesucht. Ansprechpartner René Ammann. René, ein wirklich zuverlässiger Name.

Am überübernächsten Tag, wenn es um Veränderungen geht, bin ich nicht der Spontanste, griff ich zum Telefon.

»Hallo, Herr Ammann«, fing ich an, da unterbrach er mich auch schon: »Ja, salü! Sagsch Räne zu mir, gell?« Ich sagte in langweiligem Hochdeutsch mit leichtem rheinischem Akzent: »Ich habe Ihre Stellenanzeige gelesen und würde mich gern auf die Stelle bewerben.«

»Schä, dich zu ghööre. Hasch du so öppis efeng gemachet?«

Herr Ammann, für mich René, klang furchtbar nett. Aber verstanden habe ich ihn nicht.

»Ja häsch du Luscht zu chömmed? Iich zeig dir alles! Das wird bestimmt luschtig. Weischt du, letzschtes Johr hatten wir en Hirten, der wo ständig en Balaari hatte, immer zviel Alkohol. Schlimmer kanns also nid chömmed. Chömmsch halt vorbei. Du kännsch sogar mit dem Auto auffifahre.«

In die Schweiz fahren zu einem Vorstellungsgespräch? Mit einem Menschen, den ich nicht verstand? Warum eigentlich nicht? Ich hatte ja sonst nichts zu tun. Bis zum Beginn der Tätigkeit im Wallis waren übrigens nur noch drei Wochen Zeit.

Am Abend vor dem Kaminfeuer brachte ich mein Vorhaben zur Sprache: »Schatz, ich hab dir doch von meinem

Traum erzählt. Du weißt doch, wie gern ich einmal als Schäfer arbeiten würde.«

Zustimmendes Nicken von der anderen Sofaseite, der Blick blieb weiter intensiv auf das Veranstaltungsmagazin gerichtet.

»Ich hab da im Internet eine Stelle gefunden.« Unterbrechung von meiner Seite. »Magst du ein Stück Käse? Hab ich extra aufgeschnitten. Apropos Käse. Also in der Schweiz, da gibt es doch Alpen, dort, wo die Kühe auf der Weide sind und wo frischer Käse gemacht wird. Die haben den leckersten Käse, den man sich vorstellen kann. Aus frisch gezapfter Kuhmilch.«

»Mhmm.«

»Auf einer solchen Alp sind auch Schafe. Sie werden am Anfang des Sommers hinaufgetrieben, und im Herbst treibt man sie wieder hinunter. Ungefähr hundert Tage sind sie dort oben. In manchen Regionen auch länger. Manchmal sogar ein halbes Jahr. Das hängt ganz von der Schneegrenze ab.«

»Aha.«

»Im Wallis werden die Schafe zum Beispiel nur hundert Tage gehütet. Und für das Hüten braucht man natürlich einen Hirten. Jemanden, der die ganze Zeit über bei den Schafen wohnt und aufpasst, dass sie auch auf den richtigen Weiden grasen. So ein Hirte wird meistens von einer Hütegemeinschaft eingestellt. Im Internet suchen sie nach einem geeigneten Bewerber. Sie nehmen natürlich nicht jeden. Schließlich ist es eine große Verantwortung, auf achthundert Schafe aufzupassen. Aber mich würden sie vielleicht nehmen. Und das Wallis, das ist gar nicht so weit entfernt von hier. Vier Stunden höchstens.«

»Vier Stunden? Wallis? Du? Habe ich das jetzt richtig verstanden? Du willst für drei Monate ins Wallis, um dort als Schäfer zu arbeiten? Ja, bist du denn verrückt? Du hast eine

Familie hier. Schäfer ist ja in Ordnung. Aber doch nicht Hunderte von Kilometern weit weg. Was meinst du, wie oft wir uns dann noch sehen, wenn du vier Stunden entfernt von uns auf einer Alm sitzt?«

»Hmm, ja, das ist der Haken an der Sache. Man hat wohl keine freie Zeit, höchstens mal am Nachmittag.«

»Ach, da kommst du dann mal schnell am Nachmittag nach Hause, um mit deiner Tochter im Sandkasten zu spielen, oder wie?«

»Es ist eben nun einmal so, dass man die hundert Tage durchgehend arbeiten muss. Ich werde also wohl keine Zeit haben, um nach Hause zu fahren. Aber ihr könnt mich besuchen, sooft ihr wollt! Stell dir vor, wie schön das wäre!«

»Was soll daran schön sein, dich in drei Monaten ein- oder zweimal zu sehen, und das nur, nachdem man mit einem zweijährigen Kind eine Bergtour unternommen hat?«

»Eine Bergtour ist gar nicht nötig. René sagt, man kann mit dem Auto hinauffahren.«

»Na, dann ist ja alles wunderbar.« Meine Freundin ist gern ironisch. Normalerweise liebe ich das an ihr. »Und wer ist überhaupt René?«

»René wäre mein Chef. Bei ihm soll ich mich vorstellen, bevor er sich definitiv entscheidet.«

»Ich seh schon, du hast alles genau geplant. Wie soll ich da noch Nein sagen? Aber dass du's weißt, besonders gut finde ich es nicht, dass du uns einen Sommer lang hier allein lässt. Hier gibt's schließlich auch Schafe zu hüten. Und ein Kind. Was ungleich mehr Arbeit ist.«

Nach zwei weiteren Diskussionen begann meine Freundin, das Positive an der Sache zu sehen und anscheinend sogar, mich zu verstehen. In einem Telefonat mit ihren Eltern hörte ich sie sagen:

»Ja, natürlich. Aber schau, er braucht eine Auszeit. Das wird ihm guttun nach allem, was passiert ist. Und man verdient richtig viel Geld. Achttausend Euro sind es für die dreieinhalb Monate. Das können wir gut gebrauchen …«

Ich hätte sie küssen können. Was für eine vernünftige Frau sie doch war, und was für eine starke obendrein! Schließlich müsste sie Kind, Job und Tiere ganz allein unter einen Hut bringen. Ein bisschen begann sich das schlechte Gewissen zu regen. Aber ich beruhigte es damit, dass noch gar nicht sicher war, ob René mich tatsächlich nehmen würde.

Der richtige Maa

Ein paar Tage später machte ich mich mit Landy und Hunden auf den Weg ins Wallis. Die Fahrt war urlaubshaft schön. Nachdem ich erst einmal die Großstadt Basel mit ihren Blitzgeräten und Autobahnbrücken hinter mich gebracht hatte, schnupperte ich Ferienluft. Die Berge, die Seen, die saftigen Weiden und die Kühe machten Lust auf mehr. Und dann das Wallis! Was für eine Kulisse.

Das Vorstellungsgespräch, weswegen ich gekommen war, war eigentlich kein Vorstellungsgespräch. René Ammann, den ich ja schon vorher René nennen durfte, stand vor seiner Hütte im Turtmanntal am Fuß des Gletscherbergs und umarmte mich. René war ein für einen Hobbylandwirt ungewöhnlich fein aussehender Deutschschweizer mittleren Alters. Sehr nett. Genau wie seine Frau. Wir waren uns auf Anhieb sympathisch.

René behauptete: »Wenn mi mein Inschtinkt nit sehr täuschen tut, dann bischt du der richtige Maa für uns! Du bischt ein echter Volltreffer! Aber du bischt zu dünn. So kommscht du mir nit auf die Alp. Du muscht dir was afuude. Das ischt sonst zu harte Arbet. Die Frau hat öpis chochäd. Hier probiersch mal das Röschti mit dem Lämmli.«

Röschti und Lämmli waren ausgezeichnet, und dass ich ein Volltreffer sei, hörte ich auch nicht ungern. Das gab mir Antrieb für die Zukunft.

»Weischt du, das sind achthundert Schäfli, die du betreuen muscht. Es ischt gar nicht so schwär. Was du brauchscht, ist nur Ausdauer, Luscht auf Einsamkeit und ein guätes Händchen für Tiere. Die erschte Zeit bisch du unten auf halber Höhe. Dort hasch du eine Hütte ganz allein. Aber wenn du dann nach obi gahst, dann muscht du dir mit den Kuhmaidli das Häusli teilen. Du hascht aber eine eigene Wohnung im Häusli.«

Bei diesem ersten Besuch bekam ich aber weder die Hütte noch die Schäfli noch die Kuhmaidli zu sehen. Auch nicht den genauen Ort, an dem ich wohnen würde. Es gab wohl sogar zwei Hütten, die nacheinander mein Zuhause werden würden. Aber die Landschaft war, soweit ich Gelegenheit hatte, sie zu erkunden, überirdisch schön.

Eine Umarmung, und mein Sommerhirtendasein war eine ausgemachte Sache. So beschwingt wie lange nicht mehr fuhr ich nach Hause.

Die nächsten Wochen räkelte ich mich morgens im Bett, verbrachte die Vormittage mit Shoppingtouren, verlor an den Nachmittagen beim Memory und schaute abends, wenn unsere Tochter im Bett war, gründlich fern. Tankte so richtig Familienidylle und Großstadtleben. Man glaubt gar nicht, wie viel mehr Spaß das Nichtstun macht, wenn man wieder Arbeit vor Augen hat. Allerdings, je näher der Termin der Abreise rückte, umso mulmiger wurde mir. Hundert Tage ganz allein in einer Hütte in den Bergen, in der Kälte, ohne meine Familie, ohne Freunde, ohne Geschäfte, ohne Sommer. Was war das nur für eine Schnapsidee …

Was sollte ich mitnehmen? Was brauchte man in zweitausendfünfhundert Meter Höhe? Pullover, Mäntel, Jacken, lange Unterhosen, Wanderschuhe, Sonnenschutzmittel, Dosenessen, Tütensuppen, Fotos und natürlich Bücher, viele Bücher.

Dann kam der Tag des Abschieds. Solange ich Kisten mit Klamotten und Proviant bestückt hatte, war alles gut gewesen. Jetzt stand ich da mit prall gefülltem Auto und wartete darauf, dass meine Freundin mir ihren für viele Wochen letzten Marmorkuchen liebevoll verpackte. Sie stellte den Kuchen in einer Tupperschüssel vor die Füße des Beifahrersitzes und ging auf mich zu. Wir umarmten uns, wie man sich eben umarmt, wenn man für Monate ins Ungewisse verschwindet. Die Umarmung dauerte so lange, dass Janika ungeduldig wurde und mich in die Kniekehle biss.

Das war der schlimmste Abschied. Die Trennung von meinem Kind. Die Kleine, die mit ihren zwei Jahren noch keine Zeitvorstellungen hatte, weinte ein paar Kinderabschiedstränen, aber was mir da so nass die Wangen herunterrollte, stammte nicht von ihr. In diesem Moment war ich sicher, das Falsche zu tun. Aber es gab keinen Weg zurück. Ich konnte nur hoffen, dass achthundert Schafe genügten, um einem Einsiedler ausreichend Wärme und Geborgenheit zu spenden.

Allein unter Schafen

Irgendwann, ich wusste gar nicht, wie ich dort gelandet war, stand ich vor einem Tunnel im Stau. Geschlagene zwei Stunden. Zwischen lauter holländischen Wohnwagen und ein paar deutschen Wohnmobilen. Nach dem Stau folgten mehrere Tunnel. Angesichts der fast eine halbe Million gefahrenen Kilometer meines Landys und seiner jüngsten bewegten Kranken- und Reparaturgeschichte war mir bei jedem einzelnen von ihnen mulmig zumute. Aber mein Auto blieb tapfer.

Am Ende ging es noch eine Stunde im Zickzack den Berg hinauf und dann einen kleinen Weg rechts hinein zur Käserei, aus der schon verräterischer Geruch durch die Autofenster drang. Ich hatte kaum Zeit, mich auf meinen ersten frisch gefertigten Kuhmilchkäse zu freuen, da hörte ich schon:

»Ja, Grüezi, Joe!« Ich kletterte aus dem Landy und spürte sofort die unsommerliche Kälte, die mich einhüllte. Aha. So würde es nun die nächsten drei Monate sein. Keine Temperaturen für ein Polohemd. Wenigstens Renés heiße Umarmung wärmte mich wieder auf. Ich blickte mich um, sah die weißen Berggipfel und die grünen Weiden und atmete den frischen Bergduft ein. Alles war gut. Ich musste mich nur wärmer anziehen.

»Ja, bischt du denn gut hergechommen? Wie war der Abschied? Häsch du viele Tränen geweint? Iich denk, mit dem Töchterli wars am schlimmschten, was?«

So gern ich mal ein Schwätzchen im Supermarkt halte oder mit den Nachbarn über Schneeschippen und Hundehäufchen plaudere, ich bin eigentlich kein Mann der großen Worte. Schon gar nicht, wenn's um Gefühle geht.

»Bin gespannt, wie mein neues Zuhause aussieht«, lenkte ich ab.

»Na, dann nichts wie los! Chömmsch du hinter mir her! Der Wäg ischt gar nicht so weit. Du muscht nur ufpassen, dass du nicht den Berg hinabrutschst. Aber so anem Ländyfahrer muss ich das wohl nicht erklaren, odr?«

Nein, musste er nicht. Ich schaffte es tatsächlich, den gerade mal landybreiten Holperweg unfallfrei zu befahren. Nach gefühlten fünfundsiebzig Kurven bog René nach rechts ab, mitten auf eine Wiese mit einer schnuckeligen Holzhütte.

Ich stieg aus dem Auto und landete direkt in einer Ansammlung von Schafskötteln. Macht nichts. Das kenn ich von zu Hause. Schmutzig, aber riecht nicht. Abgesehen von den braunen Kötteln war alles grün um mich herum. Im Hintergrund die riesige Gletscherzunge. Von wegen: Die Gletscher schmelzen. Imposant lutschte sie sich hinter der Hütte durchs Gebirge.

Noch drei Schritte und ich stand am Eingang zur Alphütte. Sie sah aus wie ein länglicher Holzblock mit Wellblechdach. Zwei Fenster, eins rechts, eins links von der Tür, und eine Leiter zum Dach. Wozu sollte die nun wieder gut sein? Vielleicht war sie nach Ausbesserungsarbeiten einfach stehen geblieben.

Egal. Erst mal drinnen schauen. Renés Erklärungen, wo alles war und wie ich damit umzugehen hatte, überhörte ich weitgehend. Ich war viel zu aufgeregt. Das war nun also meine Welt. So klein und dunkel und hölzern. Selbst der Geruch war hölzern. Das lag vielleicht an der Holzsitzbank, dem Holztisch und dem Holzschrank. Immerhin war die Sitzbank weich gepolstert. Und, welcher Luxus, es gab zwei Zimmer. Einen Eingangsbereich, den man mit einiger Übertreibung Flur oder Diele nennen konnte, mit Tisch und Tür zum Minibad und ein Wohn- und Schlafzimmer mit Kochecke, Gasofen und Spüle neben dem Bett. Wie praktisch. Wenn ich einmal nachts den Drang verspüren sollte, Geschirr abzuwaschen, hatte ich es nicht weit.

Kalt war es in der Hütte. Ungemütlich kalt. René machte sich an dem Gasofen zu schaffen, der aber nicht sofort ansprang. Warten, bis die Heizung warm wird, bis sie endlich auch Wärme abgibt – Ewigkeiten dauert das! René war weniger ungeduldig: »Gloich wird's schön woarm«, meinte er fröhlich lächelnd.

Ich schaute mich lieber draußen ein bisschen um. Ups, was stand denn da? Ein Schaf. Bei einem Schaf konnte die Herde nicht weit sein. Und wirklich. Da standen sie alle, gerade um die Ecke, frisch die Alp heraufgetrieben (geschtern, hatte René gesagt), hinter dem Hügelchen.

»Siesch du, da sind deine Schäfli. Jetzt könnt ihr euch erscht mal beschnuppre. Schäfli, das ischt der Joe, euer neuer Hirte, Joe, das sind die Schäfli. Iich mach mich jetzt wiedr aufn Wäg. Tschau, Joe, bis zum näkschten Mal, wenn ich dir frisches Brüüt bringe. Chansch mich ja am Natel erreichen.«

»In Ordnung. Wenn etwas ist, ruf ich an. Ciao, René!« Brüüt? Was meinte er mit Brüüt?

Während draußen die Schafe um meine Hütte herumwuselten und mich der Gletscher im Hintergrund daran erinnerte, dass mich hier wohl kein Sommerurlaub erwartete, aß ich die Reste meines mitgebrachten Vespers. Dabei fiel mir ein, dass Brüüt vielleicht Brot bedeuten könnte.

Da saß ich nun in der Dämmerung und schaute aus dem Fenster, ein bisschen verloren, ein bisschen sprachlos und ganz und gar voller Sehnsucht und Zweifel. Wie gut, dass mein Landy draußen stand. Ein roter Farbtupfer zwischen all den weißen. Den unzählbar vielen weißen. Achthundert Schafe grasten da draußen mit achthundert eigenen Köpfen, die sich alle besser auskannten als ich. Wie sollte ich es schaffen, sie auf meinen Pfaden zu führen? Wie sollte ich Renés Erwartungen gerecht werden und die Leistungen schaffen, die ein Hirte zu bringen hatte? Und diese achthundert Schafe waren nicht etwa eine Herde. Nein, es waren siebzehn Herden von siebzehn Besitzern. Sie gingen siebzehn eigene Wege.

Kein Problem mit einem gut ausgebildeten Hütehund. Ich sah Leo vor mir, wie er vor Kurzem über den Elektrozaun gehechtet war und unsere vier Schafe quer über das Grundstück getrieben hatte, bis sie in Todesangst über sich hinausgewachsen waren und den Sprung über den Zaun mitten auf die Hauptstraße gewagt hatten. Wir fanden sie Stunden später im Garten eines weiter entfernten Nachbarn. Leo hat sich zwar seither unauffällig verhalten, aber ich wollte nun wirklich kein Risiko eingehen und ließ ihn lieber zu Hause.

Wie würde sich Senta benehmen zwischen all den Schafen? Ihr Gejaule ließ nichts Gutes erwarten. Ich beschloss, es einfach mal auszuprobieren. Hier und jetzt. Ich öffnete die Holztür, deren Knarzen und Quietschen sofort von Sentas Bellen übertönt wurde.

Wie eine wild gewordene Bestie stürmte Senta hinaus und mitten in die Schafsherde hinein. Mit Gejaule und Gebelle versuchte sie, die Schafe zu etwas zu bringen, was zumindest ich als Laie nicht verstand. Vielleicht steckte ja ein tieferer Sinn dahinter. Als Senta aber ziemlich wahllos nach Schafsschenkeln schnappte und eine Panik unter den Tieren ausbrach, kam ich zu dem Schluss, dass es wohl keinen tieferen Sinn gab.

Also geriet auch ich in Panik. Ich brüllte: »Senta! Senta! Fuuuß!« Senta hörte nicht auf mich, sondern trieb und scheuchte die Schafe, bis sie selbst fast umfiel und vor Erschöpfung japste. Es brauchte eine Viertelstunde und ein energisches Einschreiten meinerseits, ehe ich Sentas Jagdtrieb komplett beruhigen konnte. Ein saftiger Knochen half dabei, den sie mit derart knirschenden Zähnen durchbiss, dass ich froh war, dass es sich dabei nur um einen Aldi-Rindsknochen handelte.

Ich habe mich später oft gefragt, ob es überhaupt riskanter hätte sein können, Leo mitzunehmen, als es mit Senta zu probieren. Dabei war sie ein Altdeutscher Hütehund und, wie der Name schon sagte, zum Hüten geboren. Sie sah etwas bedrohlich aus, rabenschwarz und wie ein kleiner Schäferhund. Der Gattung nach war sie eine Gelbbacke, das zeigten die gelbbraunen Flecken an den Läufen, und wegen eines Gendefekts war sie schwanzlos, ein Stumper.

Senta wuchs zwar bei einem Wanderschäfer auf, was sie anfangs in meinen Augen für die Hütearbeit prädestinierte. Aber offenbar hatte sie beim Schäferunterricht in ihrer Kindheit schlecht aufgepasst. Sie tat in der Regel das Gegenteil von dem, was ich verlangte. Vielleicht war ihr Wissen auch nur verschüttet. Oder ich gebrauchte die falschen Befehle. Ich hatte noch versucht, ihren früheren Besitzer über das Tierheim ausfindig zu machen, um ihn über Senta auszufragen. Der Mann erholte sich aber gerade von einem Hirntumor und wäre erst in einigen Wochen wieder ansprechbar gewesen. Kein gutes Timing.

Was heute passiert war, konnte ich mir nur so erklären: Senta war übermotiviert. Nach all den Jahren des Faulenzens war ihr Arbeitseifer nun nicht zu bremsen. Einer meiner ersten Entschlüsse dort oben auf der Alp mit dem Landy vor der Haustür und den achthundert Schafen im Rücken war darum, mit Senta eine Hundeschule zu besuchen.

TESSINER ALPSOMMER

Die Hundeschule für Senta hat nicht viel genützt. Abgesehen von dem wertvollen Tipp, mich für unsere Gassirunden mit Wasserflaschen zu bewaffnen und Senta bei unerklärbarem Gejaule eine Dusche zu verpassen, bin ich so schlau wie vorher. Nach zwei Alpsommern und zwanzig Doppelstunden Hundetraining bin ich zu dem Schluss gekommen: Dieser Hund hat etwas am Kopf. Man muss sich das vorstellen – kaum nähern wir uns dem Hundeübungsplatz, wird Senta lammfromm und folgsam wie ein Chihuahua. Die Trainerin denkt jetzt, ich hätte etwas am Kopf.

Habe ich vielleicht auch, wenn man bedenkt, dass ich nun schon den dritten Sommer auf der Alp verbringe. Und zum dritten Mal mit Senta. Ob so ein Alpsommer süchtig macht, haben mich meine Freunde gefragt. Irgendwie schon. Die Berge, die Stille, der fehlende Smalltalk, die bimmelnden Glöckchen, die ich schon nachts im Schlaf höre, die Weite oben auf den Gipfeln. Das macht unglaublich süchtig. Da nehme ich sogar einen verrückten Hund in Kauf.

Inzwischen bin ich also wieder in der Schweiz. Am zwanzigsten Juni stieg ich aus dem Landy und begegnete meinem »Chef«. Renzo, mein neuer René, kam auf mich zugerannt und fiel mir in die Arme. Seine Frau Riccarda folgte auf dem Fuße:

»Ciao, Joe, come stai? Siamo felice di vederti! È tutto bene a casa? La famiglia? La bimba? Com'è il tuo Italiano? Posso parlare con te quest' anno?«

Mein Italiano war trotz eines Audiokurses und diverser Kurzlektionen von meiner Freundin, die Italienisch studiert hatte, noch lange nicht konversationsfähig.

»Un poco«, war ich imstande zu sagen und: »Come stai?«

Renzos Haus steht im Tessin in einem Dorf namens Aquila, zu dem ich aus einem unerfindlichen Grund immer Aquilia sage und das unten am Berg liegt. Meine neue Alp nennt sich Alpe Garzott und ist für ein Auto, selbst für einen Landy, unerreichbar.

Vielleicht fragt sich jemand, ob mir im Turtmanntal das Brüüt nicht geschmeckt hat oder die Schafe zu bockig waren. Nein, das stimmt ganz und gar nicht. Der Grund für meinen Stellungswechsel war graubraun und bissig. Ein Jahr nach meinem erstaunlicherweise erfolgreichen Schäfereinstand nistete sich ein Wolf im Turtmanntal ein. »Wir brauchen unbedingt einen Hirten mit Härdenschutzhund«, schrieb mir René um die Weihnachtszeit herum.

Von Herdenschutzhund konnte bei Senta ja nun nicht die Rede sein. Es war ziemlich fraglich, vor wem man die Herde mehr zu schützen hatte, vor dem Wolf oder Senta. Also sagte ich ab und suchte mir eine neue, wolfsfreie Stelle. Nach einem ersten guten Alpsommer ist es nicht schwer, eine Anstellung zu finden. Schließlich wissen die Schafhalter, dass man keinen Einsamkeitskoller bekommt oder vor Sehnsucht nach der Liebsten vergeht. So landete ich bei Renzo und Riccarda im Tessin.

Riccarda spricht zum Glück Deutsch. Sie stammt aus Graubünden, beherrscht aber das Hochdeutsche deutlich besser als René mit seinem charmanten Zungenschlag.

»Grüezi, Joe. Wie schön, dass du wieder da bischt! Die Kinder haben schon nach dir gefragt! Was macht Senta? Hat sie sich gebessert?«

»Na ja, schaun wir mal«, antwortete ich und lenkte schnell ab, indem ich mich nach dem Stand der Dinge erkundigte.

Dieses Jahr fing ich etwas später an, weil Renzos Cousine die ersten beiden Wochen übernahm. Sie wollte sich auch mal wieder Alpwind um die Nase wehen lassen.

Renzos und Riccardas Haus ist geräumig und eine Mischung aus italienischem und schweizerischem Flair, nicht ganz so geradlinig und symmetrisch wie die deutsch-schweizerischen Häuser mit ihren akkuraten Schweizer Fahnen auf dem Dach, sondern ein bisschen behaglich-verwinkelt.

Renzo ist kein Schäfer von Beruf. Er ist Elektriker und seine Frau ist Kindergärtnerin oder Erzieherin, wie es in Deutschland heißt. Er betreibt die Schafzucht als Hobby, genauso wie die anderen siebenundzwanzig Schäfer, deren Schafe ich zu betreuen habe.

In Renzos Haus wohnen außer Riccarda auch seine Mutter, die über siebzig ist, und seine beiden Kinder, knapp über zehn und knapp unter vierzehn Jahre alt. Die Kinder fielen mir um den Hals wie einem reichen Erbonkel. Mein Name wurde tausendmal ausgerufen und ich genoss die familiäre Atmosphäre, die mir armem Heimatlosen die Fremde vertraut machte.

Die Kinder hatten sogar zusammen mit Riccarda das Abendessen gekocht, leckere Schinkennudeln, fast wie zu Hause, nur noch ein wenig sahnig-italienischer. Ich wollte mich auf das Essen konzentrieren, aber Renzos Familie hält nicht so viel von der Höflichkeitsregel, die ich meiner Tochter versucht habe beizubringen: Mit vollem Mund spricht man nicht. Sie wollten alles wissen, von meiner Freundin, mit der Renzo immer auf Italienisch korrespondiert, von unseren Schafen daheim und natürlich auch und vor allem von meiner Tochter Janika. Ich hatte zum ersten Mal Gelegenheit, die paar Worte Italienisch, die ich von der wenig wirksamen Sprachkurs-CD kannte, zu verwenden. Allerdings beschränkten sich meine Erzählungen auf recht allgemein gehaltene Aussprüche wie »è tutto bene« und »mia figlia è bellissima«, es geht mir gut und meiner Tochter bestens.

Es war trotzdem ein gemütlicher Abend, so ein richtig italienisch-gemütlicher Abend, bei dem alle durcheinanderschwatzten und es kaum auffiel, dass ich aus Heimweh- und Sprachgründen wenig sagte. Dafür erzählte Renzos sonst so schüchterne Tochter umso mehr. Sie sagte mir etwas von einem Internat, auf das sie in Kürze wechseln müsse, weil es in Aquila keine vernünftige Schule gebe, von ihrer Freundin, die leider nicht mitkomme, und von den Tieren, die sie so sehr vermissen werde.

Apropos vermissen. In dieser ersten Nacht in der Schweiz, in der ich noch nicht ganz angekommen war und noch nicht ganz losgelassen hatte, kämpfte ich mit Einschlafproblemen. Ich dachte an meine Freundin und meine Tochter und hatte schreckliche Sehnsucht nach ihnen. Dann dachte ich an das Auto meiner Freundin, das ich am Morgen noch in die Werkstatt abgeschleppt hatte, weil es nicht angesprungen war, und machte mir Sorgen. Ich dachte außerdem an unsere Schafe daheim und daran, ob das Gras auf der Weide wohl ausreichte und wie meine Freundin es schaffen würde, die Zäune zu verstellen. Dann dachte ich an die Hühner und ihren neuen Wasserbehälter und hoffte, dass er nicht genauso leicht verstopfen würde wie der alte, und als ich immer noch nicht schlafen konnte, fing ich an, Schafe zu zählen.

Klauenbad

Kurze Zeit später war Morgen. Der Morgen meines Alp-aufstiegs; der 21. Juni. Meine Siebensachen für die ersten Tage hatte ich schon zurechtgelegt. Nach einem Croissant mit Pflaumenmarmelade und einem starken Kaffee machten Renzo und ich uns auf den Weg. Er hatte auch zu tun auf der Alp. Es war nämlich der Tag des Klauenbades, bei dem drei der Schäfer – Renzo, Reto und Mauro – mir helfen würden, wie im vergangenen Jahr.

Die gute halbe Stunde vom Ort zur Alp fuhr Renzo vor mir her, ziemlich rasant, wie es sich für einen Fast-Italiener gehörte, Kurve um Kurve, durch die vielen schmalen und dunklen Tunnels und die immer kleiner werdenden Dörfchen und die immer dünner werdende Luft. Allein hätte ich den Weg bestimmt nicht wiedergefunden. Das letzte Mal war ich Riccarda hinterhergefahren, ein wenig langsamer zwar, aber nicht langsam genug, um mich an die Strecke genau zu erinnern. Ein Navi hilft einem hier oben auch nicht viel. Meines hatte sich kurz hinter Aquila von mir verabschiedet. Am Ende fuhren wir über die großartige Staubrücke. Dann noch ein Stück durchs Tal und vor dem Käseverkaufsstand am Parkplatz hielten wir an.

Ich parkte den Landy direkt bei der Käseverkäuferin mit der Zahnlücke und dem großmütterlichen Lächeln. Sie begrüßte mich ähnlich stürmisch wie Renzos Hunde, zwei cornische Border Collies namens Don und Duke, die Reto und Mauro mit heraufgebracht hatten. Dann kamen Reto und Mauro an die Reihe. Die Benvenuti und Umarmungen wollten kein Ende nehmen. Es sind eben Italiener. Zwar Schweizer Italiener, aber eben doch Italiener. Selbst die Hunde sind inzwischen so italienisiert, dass sie ihre vornehme englische Zurückhaltung abgelegt haben. Wie schön, Mensch und Tier wiederzusehen. Und die Alpe Garzott, mein zweites Zuhause.

Nach all dem Schultergeklopfe, dem Gebelle und den Joe-Rufen waren meine Schultern wund und die Ohren taub. Aber so taub nun auch wieder nicht, dass ich das nahe Glöckchenbimmeln nicht gehört hätte. Wer kam da auf mich zumarschiert? Schafe! Einige meiner Schützlinge, die eigentlich ein paar hundert Meter höher auf der Wiese weiden sollten. Na, wie gut, dass wir ihnen zufällig begegneten, bevor sie ganz aus meinem Dunstkreis verschwinden konnten.

Renzo mit seinem leidenschaftlichen Temperament brüllte erst mal los:

»Ma, che cazzo! Andate via! Su! Su!«

Zum Glück hörten Don und Duke so perfekt auf ihr Herrchen, dass sie die zwanzig Ausreißer in Windeseile wieder in Richtung Berg getrieben hatten. Ich schaute neiderfüllt zu. Wenn doch die Hunde auch mir so gut folgen würden.

Für einen Moment setzte ich mich auf die Stoßstange meines Landys und sog die wie immer viel zu kühle Gebirgsluft ein. Links neben mir der Stausee, vor mir die Berge, die irgendwo oberhalb von zweitausend Meter Höhe mein Häuschen beherbergen. Hier und da waren noch ein paar Wanderer unterwegs, die es aber in der Regel nicht in die Nähe meiner Hütte verschlägt. Ich muss zugeben, ich fühlte mich ihnen überlegen. Als wäre ich etwas Besseres, weil ich dazugehörte zu diesen Bergen, weil ich mitten in ihnen wohnte, zwischen ihnen arbeitete.

Renzo riss mich aus meinen Träumen und erinnerte mich daran, dass das hier nun wirklich kein Urlaub war. Nicht vergessen: Heute stand das Klauenbad auf dem Programm.

Ich holte Senta und den Seesack aus dem Auto. Den Rest meines Gepäcks hatte ich bei Riccarda in Aquila gelassen. Der Helikopter würde es den Berg heraufliegen. Was für ein Luxus! All die grünen Kisten, in die ich meine Tütensuppen und Dauerwürste gepackt hatte, reisten erster Klasse. Mein Weg würde steiniger werden.

Renzo lief voran, steil die Wiese hoch, immer den Schafen nach, dann auf Trampelpfaden durch ein Wäldchen, auf schmalen Stegen vorbei an gefährlichen Abhängen, dann wieder eine steindurchsetzte Wiese hinauf bis zu einem Häuschen mit Brunnen, an dem wir eine kurze Rast einlegten. Zum Glück. Ich war schon völlig aus der Puste. In drei Wochen würde ich diesen Weg leichtfüßig hinaufspringen

können, aber noch hinkte meine Kondition meinen Bedürf-
nissen hinterher.

Schon ging es weiter und weiter nach oben. Nebel war
aufgezogen, bis wir fast nichts mehr sahen. Aber von hier an
hätte ich den Weg mit verbundenen Augen gefunden. Immer
weiter hinauf, etwas rechts halten, durch die Heidelandschaft
mit den vielen Blaubeeren, dann noch einen Hügel hinauf
und dann:

Meine Hütte, die eigentlich Renzos Hütte ist. Er hat sie
gebaut und benutzt sie, kaum zu glauben, als Ferienhaus für
seine Familie. Ferienhaus? Drei Stunden bergauf? Sommer
mit zehn Grad Durchschnittstemperatur? Na, warum nicht.
So sind sie halt, die Bergschweizer.

Rund um die Hütte grasten friedlich meine Schafe. Meine
zwölfhundert Schafe, denen wir die versprengte Herde wieder zugeführt hatten. Sie waren nach der ersten kurzen Zeit
auf der Vorweide hier angekommen. Ich hatte alle meine
Schutzbefohlenen auf einem Haufen und feierte Wiedersehen mit meinen Lieblingsschafen: mit Sean, dem gefleckten
Hängeohr, und Judith, dem braunen Bergschaf, das mich
in ihrem trotzigen Stolz an unsere Carmen daheim erinnerte. Von Wiedersehensfreude ihrerseits war nicht allzu
viel zu erkennen, aber wahrscheinlich waren sie einfach nur
schüchtern.

Mit meinem ersten Zuhause im Turtmanntal hat diese
Hütte nichts gemein. Sie ist aus grauen, rechteckigen Steinen gebaut und hat vier Fenster, zwei Türen und ein rotes
Dach. Für eine Alphütte in der Einöde ist sie richtig luxuriös.
Das liegt daran, dass eine Schweizer Supermarktkette jähr-
lich einen Wettbewerb für Alphüttenbesitzer ausschreibt.
Der Gewinner bekommt seine Hütte renoviert. Renzo hat
vor drei Jahren gewonnen. Von den Auswirkungen profitiere
ich jetzt. Kein Plumpsklo, keine Gießkannendusche und
keine Gasfunzeln. Obwohl das Plumpsklo immer noch zu

besichtigen ist. Es steht draußen an der Stirnseite des Hauses und verfällt langsam, aber sicher.

Es gibt sogar Strom im Haus. So richtig mit Schalter zum An- und Ausknipsen. Allerdings darf man es mit der Elektrizität nicht übertreiben. Sonst muss am Ende doch das Kerzenlicht herhalten, wie im letzten August, als ich vergessen hatte, die Festbeleuchtung auszuschalten, bevor ich mich auf den Weg zu meiner zweiten Hütte in Scaradra machte. Man betritt die Hütte von hinten, genauer gesagt durch den Vorratsraum, der gleichzeitig Abstellort für schmutzige Schuhe und Hunde ist. Ich ziehe die durchnässten Wanderstiefel samt Strümpfen aus, hänge Sentas Leine an den Haken und werfe einen Blick in den Tresorschrank, den ich Kühlschrank nenne und in dem ich meine Lebensmittel kalt lagern kann. Selbst wenn die Sonne scheint, schafft sie den Weg nicht durch das schwere Gestein, das den Vorratsraum umgibt. Und was sehe ich im Kühlschrank? Die Reste der Aldi-Salami, die meine Freundin mir im letzten Sommer mitbrachte. Was für ein vertrauter Anblick!

Weiter geht es ins Wohnzimmer mit der gläsernen »Terrassentür«. Dort lasse ich mich nach den Strapazen erst mal auf die Sperrmüllcouch rechter Hand plumpsen. Seltsamerweise liegt Sentas Decke noch genau am selben Platz wie vor acht Monaten. Der Kerzenstumpf, der nach ein paar romantischen Abenden mit meiner Freundin fast heruntergebrannt ist, steht unberührt auf dem Fensterbrett. Ich frage mich, ob Renzo das Häuschen in diesem Jahr überhaupt als Ferienwohnung benutzt hat.

Es fühlt sich an wie das Heimkommen nach einem harten Arbeitstag. Aber ganz geheuer ist es mir nicht. Lebe ich etwa in zwei Parallelwelten? Ist wirklich so viel Zeit vergangen, seit ich das letzte Mal hier war, fast ein Jahr immerhin? Oder ist hier die Zeit stehen geblieben? Kann es sein, dass das Leben unten im Tiefland einfach schneller verläuft mit seiner Hektik? Ich überlege, was alles passiert ist, seit ich die Hütte verlassen habe. Halloween mit Hexenkostüm bei der Waldgeisternacht im Zoo, Weihnachten, als ich die original Schwarzwälder Kuckucksuhr geschenkt bekommen habe, Janikas vierter Geburtstag im März, an dem wir einen Ausflug rüber nach Frankreich gemacht haben, die Carmen-Phase, in der Janika von morgens bis abends Carmen-Musik gehört hat und im Flamencokleid zum Kindergarten spaziert ist, und die Aufnahmen von Sentas Hundetrainerin für ihre Homepage, über die ich mir langsam den Weg zurück in die Fotografie gebahnt habe. Zeit, die mich mit meinem beruflichen Schicksal etwas versöhnt hat.

Leider habe ich jetzt keine Zeit, die Heimkehr in mein neues, altes Zuhause zu genießen. Das Klauenbad wartet. Regelmäßig angewandt, verhindert es, dass die Schafe eine Krankheit namens Moderhinke bekommen. In tiermedizinischen Worten ausgedrückt ist Moderhinke eine weltweit verbreitete Klauenerkrankung bei Wiederkäuern. Sie entsteht durch das Zusammenspiel der bakteriellen Erreger Fusobacterium necrophorum und Dichelobacter nodosus. Gerade bei Schafen kann sie extrem schmerzhaft sein. Die schleimigen, grau-weißen Eiterherde an den kranken Klauen riechen wie schimmeliges Obst. Wird die Moderhinke nicht behandelt, magert das Schaf immer weiter ab.

Über Fusobacterium necrophorum und Co, die mich an *Harry-Potter*-Zaubersprüche erinnern, habe ich mich auf den Internetseiten der Arbeitsgemeinschaft für artgerechte Nutztierhaltung e. V. schlaugemacht. Klingt das alles nicht erschreckend genug, um die Notwendigkeit eines Klauenbades zu verdeutlichen? Meiner Meinung nach ja. Das rechtfertigt sogar die Mühen bei Nebel und Nässe. Dieses Bad aus Wasser und Kupfersulfat schützt und härtet die Schafsklauen.

Das Ganze funktioniert so: Die Tiere werden zusammen-getrieben, mithilfe von zwei frei laufenden Hunden, einer angeleinten bockigen Senta und vier Männern. Dann werden die Füße untersucht und bei Bedarf die Klauen geschnit-ten. Das Schlimmste am Klauenschneiden ist, dass man die Schafe einzeln festhalten muss. Und das mit Gewalt. Ich fasse sie um den Kopf, drücke mit den Knien ihren Rücken auf den Boden, bis sie auf ihrem Hinterteil sitzen. Dann erst kann man von hinten vorgreifen und die Füße verschönern. Genauso macht man es übrigens beim Scheren. Aber das ist hier glücklicherweise nicht nötig.

Anschließend werden sie allesamt durch die Klauenbad-schleuse in ein mit der entsprechenden Flüssigkeit gefülltes Kneippbecken für Schafe geführt und dann in einem zweiten eingezäunten Pferch sicher verwahrt. Ich bin also kaum ak-klimatisiert, da muss ich schon beim Einpferchen der Schafe und beim Antreiben in Richtung Pediküre helfen. Und das bei immer noch viel zu dichtem Nebel. Mit der Hilfe von Don und Duke und trotz Boykottversuchen Sentas geht die Aktion mehr oder weniger reibungslos vonstatten. Immer wieder gibt es ein Schäfchen, das ausschert und am Well-nessbereich vorbeispazieren will. Aber das hat die Rechnung ohne die Hunde gemacht! Ausscheren gilt nicht bei Don und Duke.

Weide um Weide

Es gibt noch einen zweiten Programmpunkt heute: Die Schafe müssen umziehen auf die obere Weide. Nicht ganz hinauf, aber zumindest schon einmal in die richtige Rich-tung. Ich halte mich etwas zurück, Sentas wegen. Renzo wirft kritische Blicke auf meinen Hund. »Senta, man muss sich ja schämen mit dir«, flüstere ich ihr ins Ohr, aber das schert sie nicht weiter. Der Anblick der vielen saftigen Haxen droht sie um den Verstand zu bringen.

Der Nebel verdichtet sich. An diesem Junimorgen, an dem ich meinen dritten Alpaufenthalt beginne, zeigt sich das Wetter von seiner drittschlechtesten Seite. Gewittersturm wäre noch schlimmer. Oder Schneesturm. Hier oben ist alles möglich.

Die Nebelsauce wird immer undurchdringlicher, und Senta zieht dermaßen an der Leine, dass ich Mühe habe, auf dem Pfad zu bleiben. Nur über einen schmalen Pass können wir zur Weidefläche gelangen. Was für ein Wahnsinn bei diesem Wetter! Irgendwann sieht man durch den Nebel den Pass überhaupt nicht mehr. Wir wissen kaum, wo wir sind, und beschließen, nicht weiterzugehen.

Senta, Don und Duke zum Platzmachen bringen und warten. Warten. Ausgerechnet an meinem ersten Tag! Nebel ist nicht nur undurchsichtig, er ist auf die Dauer auch nass. Er kriecht meine neuen Wanderschuhe hinauf, durch die Armeehosen und bis unter meinen Parka. Renzo, Reto und Mauro geht's nicht viel besser. Sie sind nur in zweierlei Hinsicht im Vorteil: Erstens werden sie sich morgen wieder an der elektrischen Heizung ihres Komforteinfamilienhauses im Tal wärmen, und zweitens können sie sich mühelos miteinander unterhalten. Ich dagegen sitze da und denke frustriert an die achtundzwanzig Grad daheim, die uns schon genügt hatten, um unser aufblasbares Kinderschwimmbecken im Hof aufzustellen.

Vielleicht nutze ich die Gelegenheit, um zu erklären, wie und wann die Schafe welche Weide abgrasen. Voraussetzung für einen gelungenen Alpsommer ist zunächst einmal, dass alle Tiere möglichst zusammen an einem Ort bleiben und dass dieser etwa drei- bis vierwöchentlich wechselt.

Erst werden die unteren Wiesen beweidet, die man Voralp nennt, dann führe ich die Schafe an meiner Hütte vorbei bis ganz nach oben auf den höchsten Gipfel der Alpe Garzott, und von dort wird dann das Feld von hinten aufgerollt, bis sie ungefähr hundert Tage später wieder satt und glücklich auf meiner Ebene landen. Ist eine Wiese abgeweidet, geht es zur nächsten, wo das Gras noch frisch ist. Haben sie sich rund um meine Hütte vergnügt, beginnt der Alpabtrieb. Aber so weit sind wir längst nicht.

Bei meinen Schafen handelt es sich um Stammgäste der Alpe Garzott. Die Muttertiere werden jedes Jahr zur Kur hier heraufgeschickt, um sich mit vitaminreicher Kost vollzustopfen und möglichst schmackhafte Lämmer zu produzieren. Da es sich bei ihnen um regelmäßige Alpbesucher handelt, kennen sie nicht nur alle Wanderwege, sondern auch den Ort, wo sie am Ende zusammengetrieben werden, haben ihre Lieblingsplätze und die Plätze, an denen sie sich gar nicht gern aufhalten. Und das merkt man. Ich finde es jedes Mal aufs Neue unvorstellbar, dass ein einzelner Mann mit zwei schwerhörigen Hunden zwölfhundert Tiere im Griff haben soll.

Nach zwei eiskalten, nebelnassen Wartestunden geht's weiter. Wir beeilen uns, mit den Schafen voranzukommen. Bei diesem Wetter kann man davon ausgehen, dass sie nicht so weit wandern. Die Wolle hat die Nässe in sich aufgesogen wie Watte. Sobald es stürmt, schneit oder gewittert, bleiben die Schafe starr und stur stehen und bewegen sich nicht vom Fleck. Sie harren einfach der Dinge, die kommen. Zum Glück. Ist das Regenwetter vorbei, schütteln sie sich wie junge Hunde und machen sich wieder auf den Weg.

Nach kurzer Zeit sind alle heil auf der neuen Weidefläche angekommen, wo die Herden die nächsten drei Wochen verbringen. Wie unberührt alles aussieht! Aber das wird sich bald ändern. Zum Zäuneaufstellen sind wir vier Männer zu müde. Das kommt morgen dran.

Renzo, Reto und Mauro drängen nun zur Eile, weil sie die

kurze Gutwetterphase für den Abstieg nutzen wollen. Renzo klopft mir an der Weggabelung, wo ihr Weg nach unten ins Tal führt und meiner ein Stückchen weiter zur Hütte hinüber, noch einmal auf die Schultern und sagt etwas von »telefono« und »due giorni«, womit er wohl meint, dass ich ihn alle zwei Tage anrufen soll, damit er auch weiß, dass es mir gut geht. Dann verschwindet er mit Duke und lässt einen sehnsuchtsvoll winselnden Don zurück. Senta kümmert sich um ihn. Ein gutes Herz hat sie ja.

Der Regen hat sich verzogen. Ich sehe den türkisblauen, spiegelglatten Lago di Luzzone und rechts meine Schafe, die auf der Wiese unterhalb von Scaradra weiden. Ich atme ein, sauge die restfeuchte Bergluft ganz tief in meine Brust und mache mich dann auf den Weg zu meinem Häuschen.

Auspacken. Ich durchwühle meinen Seesack nach Strümpfen. Das Gepäckstück begleitet mich schon seit Jahren und ist vielleicht im Gebirge nicht besonders praktisch zu tragen, dafür hat es ein ungeheures Fassungsvermögen. Frisch besockt schleppe ich mich in die Zimmerecke zum Ofen. Mir tut nach dem Aufstieg und dem Schafe-in-die-Knie-Zwingen beim Klauenschneiden alles weh, von den Zehen über die Unter- und Oberschenkel bis hin zu den Schulterblättern. Aber ohne Feuer keine Wärme und ohne Wärme kein gemütlicher Abend. Nachdem das erste Holzscheit Feuer gefangen hat, falle ich auf die Eckbank und stütze die Arme auf den langen Esstisch. Gegenüber dehnt sich die Küchenzeile mit Gasherd, Holzofen und Spüle. Was will man mehr.

Noch einmal aufstehen, den Seesack nach dem Brot und der Wurst durchsuchen, beides zwischen den Ersatzhosen und der Zahnbürste hervorziehen und dann ein Vesper zubereiten. Dazu Pfefferminztee mit heißem Wasser, das nicht aus dem Wasserkocher kommt, sondern vom Gasherd. Und jetzt in das leckere Brot beißen, von dem ich noch lange werde zehren müssen, und den fast heißen Tee Schluck für Schluck in den kalten Magen rinnen lassen.

Beim letzten Bissen merke ich, wie die Kaumuskeln langsam nachlassen vor Müdigkeit. Zum Schlafzimmer ist es nicht weit. Rechts um die Ecke steht das hölzerne Doppelbett mit dem riesigen Überbau, auf dessen Beletage mindestens drei Kinder und ein Erwachsener Platz haben, was Renzo mir schon einmal vorgeführt hat. Zähneputzen nicht vergessen im kleinen Badezimmer mit Dusche und Wasserhahn, aus dem das Wasser meistens fließt (wenn nicht gerade ein Defekt in der Leitung ist, hatte ich auch schon).

Vor der Hütte steht übrigens noch eine Baracke mit zwei Armee-Stockbetten, in der ich schlafe, wenn Renzo und seine Leute einmal über Nacht bleiben. Da bin ich dann zu sehr Eigenbrötler, um mit den Schweizern das Hochbett zu teilen. Die Armeebetten sind gemütlicher, als sie aussehen. Wie gut sie sich als Trampolin eignen, habe ich Mitte letzten Sommers erfahren, als mich Janika zum ersten Mal auf der Alpe Garzott besucht hat.

Sonntagsarbeit

Es ist Sonntag. Ich blinzle, öffne die Augen, schaue durch die Fenster und traue meinen Augen nicht: blauer Himmel. Wo ist der Nebel geblieben? Wie weggeblasen scheint alles, was gestern war, auch die Schafe oben auf ihrer Weide. Dafür sehe ich eine kleine Schafsherde glöckchenbimmelnd um meine Hütte streifen. Wo kommen die denn her? Wir haben doch gestern alle Herden nach oben getrieben! Hätten wir nur die Zäune aufgestellt! Da ist es nun wieder, das vertraute Bimmeln, das mich schon letztes Jahr bis in den Schlaf hinein verfolgt hat.

Schafsglocken klingen anders als alle anderen Glocken,

die man so im Laufe seines Lebens hört: anders als das Weihnachtsglöckchen, das die Kinder zum fertig geschmückten Tannenbaum ruft, als die Bimmelglocke der Dampflokomotive, die durch den Karlsruher Schlosspark fährt, als die Kirchenglocken, die uns daheim um sechs Uhr wecken, oder als die dumpfen Kuhglocken im Turtmanntal. Sie haben einen hellen heimeligen Klang, einen Behütetseinsklang, und dann aber auch einen ermahnenden Pflichtbewusstseinsklang und einen herausfordernden Klang nach Ätsch-wir-sind-schon-hier.

Wenn ich sie an einem zweiundzwanzigsten Juni höre, bedeutet das Arbeit.

Was steht heute auf dem Programm? Der Weg an der Schafsweide, die ich umzäunen muss, vorbei nach Scaradra, zu meiner zweiten Hütte. Aber erst einmal lasse ich die Glocken Glocken sein und nehme mein Haupthaus in Besitz, lege Feuerholz nach, fülle die Bodumkanne mit Kaffeepulver und Wasser aus dem Kessel, der immer auf dem Ofen steht, und esse einen der Schokoladen-Doppelkekse, die meine Tochter Papikekse nennt, weil der Papi sie so gern isst, dass er sie in sein mageres Marschgepäck gepackt hat. So lang wie heute wird sonst nicht geschlafen. Aber ich habe als Ausrede, dass mir Aufstieg und Klauenschneiden noch in den Knochen stecken. Außerdem bin ich noch nicht akklimatisiert. Und die Kondition fehlt, trotz ein paar Vorbereitungsstunden im Fitnesscenter. Dabei könnte ich sie gerade heute gut brauchen.

Scaradra liegt am äußersten Weidepunkt. Es ist ein ganzes Stück zu laufen bis dorthin. So weit ist der Weg, dass man dem Hirten und gelegentlich passierenden Wanderern eine Steinhütte gebaut hat mit Küche und Gruppenschlafraum. Aber ich bin ein Gewohnheitsmensch. Irgendwie fühle mich nicht so wohl da oben an der Hauptwanderader der Alpe Garzott. Gerade heute, wo ich noch nicht einmal hier richtig angekommen bin, will ich unbedingt in meinem eigenen Bett schlafen. Mit meiner Tasse Kaffee und der Haferflockenschüssel stehe ich vor der Hütte und fühle mich allein. Ohne Frau, ohne Kind. Ohne Carmen, Mimi, Tosca und Baby, die braunen Bergschafe, ohne Hahn Caruso und seine fünf Hühner, ohne die Hasen Alva, Pippi, Molly, Tamino und Pamina. Natürlich ist es das Kind, das am meisten fehlt. Ihre Weisheiten zum Beispiel: »Weißt du, Papi, die im Kindergarten haben ja keine Ahnung davon, warum Hunde keine Hühnerknochen essen dürfen.« Oder: »Stell dir vor, die kennen nicht einmal den Unterschied zwischen Steinmardern und Baummardern.« Mein kluges kleines Mädchen, das sich jetzt ganz allein um die Mami kümmern muss.

Aber ich wollte es so. Außerdem bin ich gar nicht allein. Ich habe zwei Hunde und zwölfhundert Schafe um mich herum. Don, der hübsche Border Collie, den Renzo mir immer überlässt, ist ein lieber, verschmuster Hund. Wir haben nur ein kleines Sprachproblem. Don ist in England geboren und zur Schule gegangen und wohnt seit ein paar Jahren in der italienischen Schweiz. Er versteht nur eine Mischung aus Englisch und Italienisch, mit Deutsch kommt man bei ihm nicht weit. Wenn er hört, dann auf »Sit!« statt »Sitz!«, auf »Down!« statt »Platz!«, auf »Heel!« statt »Fuß!« und auf meinen Lieblingsbefehl natürlich, das »Daddeldu!«, das so viel bedeutet wie: »Komm her!« Ehrlich gesagt, war es mir am Anfang etwas peinlich, DADDELDUUU!! zu rufen. Aber zum Glück bin ich hier weder in der Großstadt noch auf dem Dorf. Wer hört mich schon, wenn ich herumschreie. Senta jedenfalls nicht. Dafür hört sie auf Don. Die beiden sind ein Herz und eine Seele. Sie verstehen sich sogar besser als Senta und Leo.

Was Don am meisten liebt, sind seine Streicheleinheiten. Kaum habe ich es mir auf einem Stuhl bequem gemacht, kommt Don angerannt, macht »sit« und schiebt den Kopf unter meine Hand. Auch ohne großartige Fremdsprachen-kenntnisse verstehe ich, was er will: »Streichle mich! Sofort! Und so schnell und so lange du kannst.«

Ich bin wirklich froh, dass die Hunde da sind. Das nächste Dorf befindet sich mehrere Stunden entfernt und rundherum ist nur Natur. Postkartennatur, echtes Schweiz-kalenderpanorama. Traumhaft schön. Aber einsam. Meine Hütte liegt auf einer hügeligen Einöde, umrahmt von Ber-gen. Ich habe eine herrliche Aussicht auf den Stausee im Tal, an dem der Parkplatz liegt, wo sich mein Landy ohne mich langweilt und die Käseverkäuferin ohne Kunden. Die Wie-sen hier sind grün, ziehen sich die Berge hinauf und mischen sich immer mehr mit Geröll und Gestein, bis sie ganz oben den weißen Schneeklecksen Platz machen. Ringsum gibt es keinen Berg, den ich nicht schon erklettert habe auf der Suche nach versprengten Tieren. Meine Berge, denke ich voller Stolz.

Während ich in die Ferne blicke, höre ich in der Nähe wieder die Schafsglocken. Zwei, vier, sechs, zehn, nein, zwanzig Schafe bimmeln da um die Wette. In der Nebel-aktion ist wohl diese kleine Herde zurückgeblieben. Aber wegen desselben Nebels sind sie nicht weiter herumgewan-dert, sondern haben sich im Schutz meiner Hütte aufgehal-ten. Gott sei Dank, sonst hätte ich gleich noch eine anstren-gende Bergsammelaktion, und das mit Hunden, die nur sehr bedingt das machen, was ich will.

Ich bin erleichtert und überlege gerade, ob ich Senta auf den Gang nach Scaradra mitnehme, da schießt sie plötzlich wie ein schwarzer Blitz an mir vorbei über den Zaun, der die Hütte umgibt, mitten auf die Weide und zwischen die voll-kommen verschreckten Schafe, die in alle Richtungen los-sprengen, um sich in Sicherheit zu bringen vor der wütenden Bestie. Die Frage, ob ich Senta mitnehme, hat sich erledigt. Jetzt geht es erst mal darum, Senta abzurufen. Nach fast einem Jahr ohne ernstzunehmende Arbeit ist sie ganz wild auf ihren, wie sie meint, ersten Einsatz. Ich bin nicht weniger wild, schreie sie an, verfluche sie, versuche sie zu fangen und brauche viel zu lange, um Senta in der Hütte einzusperren, gerade noch rechtzeitig vor den ersten tieferen Bisswunden. In diesem Moment denke ich zum ersten Mal an den Maulkorb, der zu Hause liegt, so verlockend wie unerreichbar. Ein saftiges Steak ist nichts dagegen. Obwohl ich auch da nicht Nein sagen würde. Dabei hat die Tütensuppenzeit noch gar nicht richtig begonnen.

Maulkorb hin oder her, Senta ist zumindest in Sicherheit. Ich schnappe mir Don und laufe den Schafen hinterher, die – was sonst? – in die verkehrte Richtung davongesprengt sind. Jetzt kommt Don zum Einsatz. Der Border Collie rast auf die Schafe zu, umzingelt sie in perfekter Manier und treibt sie wunderschön in klaren Linien den Berg hinauf. Aber doch nicht diesen Berg! »Don! Daddeldu! Das ist der falsche Berg!« Scaradra liegt genau in der anderen Richtung. Schon wieder schreie ich mir die Seele aus dem Leib: »Daddelduuuuuu!!« Aber auch Don hört nicht. Erst die Arbeit erledigen, dann die Ohren aufsperren. So sind sie, die Hütehunde. Er treibt und treibt, bis alle zwanzig Schafe ordentlich auf dem Berggipfel angekommen sind. Freudestrahlend und schwanzschwenkend kommt Don zurück, um sich ein Pfund Streicheleinheiten abzuholen.

Ich bin verzweifelt. Mir bleibt nichts anderes übrig, als den Berg eine halbe Stunde lang hinaufzukraxeln, an den Schafen vorbei, um sie nicht zu erschrecken, und sie dann von hinten wieder den Berg hinunterzutreiben, ganz ohne Hunde. Na, wunderbar!

Da höre ich Helikopterbrummen und sehe hoch oben meine Gepäckmaschine kreisen. Summend schraubt sie sich tiefer, bis sie nur noch einen halben Meter neben mir in der Luft hängt. Eine Luke öffnet sich, und eine grüne Kiste nach der anderen purzelt aufs Gras. Wenigstens habe ich jetzt meine Habseligkeiten beisammen, kann lesen, trockene Strümpfe anziehen, Nudeln mit Sauce kochen und mir die Haare waschen. Trotz der Freude über mein Gepäck bin ich mir bewusst, dass die Arbeit ruft. Scaradra steht ja auch noch an.

Aber Scaradra will mich heute wohl nicht, denn im nächsten Augenblick klingelt mein Handy. Ja, es gibt tatsächlich Punkte hier oben, an denen ich Handyempfang habe. Riccarda meldet sich, Renzos Frau. Er habe vergessen, das eine Schafstor auf dem letzten Viertel Weg nach unten zu schließen. Das sei ihm gerade eben beim zweiten Frühstück eingefallen. Scaradra muss also warten, die zwanzig Schafe auch, und ich mache mich mit Don auf in Richtung Stausee, weil bereits irgendwelche wanderlustigen Schafe dorthin unterwegs sein könnten.

Es hat wieder angefangen zu regnen, und der Abstieg ist rutschig. Zum Glück habe ich keine Senta an der Leine. Nach ihrer Jagdaktion muss sie sich nun leider zu Hause vergnügen. Don springt vor mir den Weg hinunter, blickt sich ab und zu um und benimmt sich insgesamt vorbildlich. Als ich unten beim offenen Tor ankomme, bin ich nass bis auf die Knochen.

Ich stelle noch ein paar Netze auf, damit mir auch kein Tier am Rande entwischen kann, schaue mich um und frage mich, ob überhaupt jemand da ist, der entwischen könnte. Kein Schaf weit und breit. Toll. Jetzt war die ganze Aktion auch noch umsonst. Es geht also wieder hinauf auf zweitausenddreißig Meter.

Ich kann nur sagen: Wer auf der Alp übersommern will, braucht die richtige Kleidung. Sie muss vor allem atmungsaktiv sein, samt Funktionswäsche unter der Regenkleidung. Aber genau die ist vorhin erst auf der Alp gelandet, und ich war zu faul, mich umzuziehen.

Für heute ist Schluss. Genug Anstrengung, genug Kulturschock. Ich ziehe die nassen Schuhe aus, stopfe Zeitungspapier hinein (nach den Erfahrungen der letzten Jahre habe ich jede Menge Altpapier im Gepäck), drapiere die Socken auf dem Ofen und lege mich mit einem Buch ins Doppelbett. Das Lesen ist ein wichtiger Bestandteil des Alpaufenthalts. Nirgendwo anders habe ich eine solche Ruhe dafür. Während ich zu Hause fast nur Zeitungen und Magazine konsumiere, lese ich hier alles, was mir meine Freundin eingepackt hat, vorzugsweise Krimis.

Ich kuschele mich an Senta (sie darf unerlaubterweise in meinem Bett schlafen!), gebe ihr einen unverdienten Gutenachtkuss und träume mich nach Hause zurück. Sommer in den Weinbergen, Weinfeste in der Pfalz, Grillfeste mit Freunden, Kinderlachen. Die Sehnsucht bewegt sich aus meiner Brust in den Hals und erschwert das Atmen. Da hilft nur noch schnelles Einschlafen. Zum Glück macht die Höhenluft müde.

Fünf Grad und Schnee

Dreiundzwanzigster Juni: Schnee? An meinem dritten Tag? Ich glaube es nicht! Dennoch, um sieben Uhr geht es unverdrossen los nach Scaradra. Die Schafe – die zwanzig vor meiner Hütte, die mir vorgestern auf dem Parkplatz entgegengekommen waren, und ungefähr fünfzig andere aus den Bergen linker Hand – ziehen schon wieder ab in die falsche Richtung, auf die falsche Weide. Meine Lieben, es wird von oben nach unten abgeweidet, begreift ihr das denn nicht? Ich nehme Flexinets von der Hütte mit, um sie zu bremsen. Diese Schafknotengitter aus Drahtschnur und Stangen kann man beliebig auf- und umstellen. Ein unentbehrliches Hilfsmittel. Optimal wäre es, wenn einer meiner Hunde den

Ausreißern den richtigen Weg weisen würde. Aber Dons Deutsch ist noch zu schlecht, und Senta kann ich sowieso vergessen. Sie muss heute an die Leine. Kein Risiko eingehen mit ihr. Wenn ich doch nur den Maulkorb für sie hätte! Don hört nur verzögert auf meine Befehle und bringt die Schafe nicht ran. Ich verlasse mich besser auf meine eigenen Füße. Auch wenn die noch schmerzen. Sind eben noch nicht eingelaufen. Genau daran arbeite ich jetzt. Also wieder hoch den Berg, Schafe in Richtung Weide zurückführen und hinter ihnen schnell über den Schafsweg einen Zaun spannen. Das hat geklappt.

Jetzt die übrigen Netze, all die fünfzig Meter langen Flexinets, auf dem Rücken tragen und über Geröll bergauf marschieren. Zum Glück habe ich die Zurrgurte mitgenommen und mir eine rucksackähnliche Vorrichtung gebaut. Das erleichtert die Sache. Immer weiter geht's nach oben. Ich weiß genau, dass ich in drei Wochen über einen so läppischen Anstieg lachen werde. Aber jetzt noch nicht. Überhaupt nicht. Irgendwann kann ich nicht mehr, drehe mich um und lasse mich noch einmal von der traumhaften Aussicht auf den Stausee ansporren. Der Schnee ist übrigens geschmolzen. War doch zu warm. Es hat sicher acht Grad inzwischen, und ich schwitze in der Kälte vor Anstrengung.

Endlich bin ich bei den Schafen angelangt und werfe die Netze auf den Boden. Ich schaue mich um. Gestern im Nebel konnte ich sie gar nicht so genau erkennen, die Unmenge von Schafen, lauter wuselige Wollknäuel in Schmutzigweiß, Braun, Schwarz oder Creme. Unglaublich, wie viele Schafsrassen es gibt. Abgesehen von der bekanntesten, dem Merinoschaf, habe ich in meiner Herde Schwarzkopfschafe, braune und weiße Bergschafe und vor allem die weißen Alpinen. Aber, wie ich für meine Sachkundeprüfung Schafe gelernt habe, das sind längst nicht alle. Es gibt zum Beispiel noch die Fettsteißschafe aus Mittelafrika, die Breitschwanzschafe aus Südafrika, die Persianerschafe aus Persien, die Heidschnucken aus der Heide, die Kamerunschafe aus Kamerun, die aussehen wie Ziegen, oder die Ostfriesischen Milchschafe aus Ostfriesland.

Ob der Tiefländer wohl weiß, dass alle Schafe Gebirgskinder sind? Wohl kaum. Ich für meinen Teil habe es vor genau drei Jahren erfahren, als ich auf einem Flohmarkt *Brehms Tierleben* erstanden habe, Band neun, Säugetiere, erster Teil. Interessante Lektüre! Darin heißt es, dass sich Schafe nur in bedeutenden Höhen wohlfühlen und meist bis über die Schneegrenze (die haben wir ja hier schon erreicht) hinaufsteigen, wo außer ihnen nur Ziegen, das Moschusrind und ein paar Vogelarten leben können. Bei den Wildschafen, die den Ziegen am ähnlichsten sind, besteht die Nahrung im Sommer aus saftigen Alpkräutern und im Winter aus Moosen, Flechten und dürren Gräsern.

Außerdem schreibt Herr Brehm, das zahme Schaf sei nur noch ein Schatten des wilden. Das Schaf werde im Dienste des Menschen ein willenloser Knecht. Muss ich jetzt ein schlechtes Gewissen haben? Sind die Schafe meine Sklaven? Ich habe das Gefühl, dass es eher umgekehrt ist. Heißt es nicht im *Tierleben*, alle Lebhaftigkeit und Schnelligkeit, das gewandte Wesen, die Kletterkünste, das kluge Erkennen und Meiden von Gefahr, der Mut und die Kampflust der wilden Schafe gingen bei den zahmen unter? Blindlings würde die Masse einem menschlichen Führer (dass ich nicht lache) folgen, stürzte sich ihm nach in Gefahr oder in tobende Fluten? Nein, Herr Brehm, irgendetwas kann da nicht stimmen.

Meine Schafe schauen mir jedenfalls keck entgegen und fragen mit blitzenden Augen: Bist du auch schon da? Ich rolle die Flexinets aus, lege sie am Boden aus, dort, wo die Fluchtgefahr am größten ist, und baue dann die Netze vor den Gebirgshängen auf, die für die Schafe tabu sind, weil sie auf eine andere Alp hinüberführen. Langsam, eines nach dem anderen, ramme ich die spitzen Enden der Zaunstäbe in den Boden. Stunden brauche ich, um die Zäune aufzustellen. Aber irgendwann geht es doch weiter. Soll ich heute wirklich noch nach Scaradra wandern?

Vielleicht doch kurz mal einen Blick auf die obere Hütte werfen. Ich gehe an der Schafsalp vorbei, auf der die Tiere ihre nächste Weideetappe verbringen werden, biege ab und die schroffen Felsen sind verschwunden. Dafür wird es heimeliger. Ringsum kleinere Hügel und vor mir ein Tal mit einem idyllischen See aus Regen- oder Schmelzwasser. Schafe und Hund sind auf Kurs.

Nach einer drei viertel Stunde haben Don, Senta und ich endlich Scaradra erreicht. Ich wanke erschöpft in das aus Bruchsteinen kunstvoll erbaute Rifugio. Es sieht eigentlich viel mehr nach Hirtenhütte aus als mein Domizil, knapp hundertfünfzig Meter weiter unten. Ein bisschen gehört es mir auch. Ich darf hier jederzeit übernachten.

SCARADRA:
ENTLEGENE ZUFLUCHT

In erster Linie ist Scaradra eine Schutzhütte für Wanderer, die hier rasten können. Sie ist nicht bewirtschaftet, bietet aber allen Fremden ihre Küche zum Benutzen an und hat auf der oberen Ebene zwölf Schlaflager. Getränke und Holz sind ausreichend vorhanden. Die Übernachtung kostet den gewöhnlichen Wanderer zwölf Franken. Als Hirte muss ich natürlich nichts bezahlen.

Was ganz nett ist, man lernt hier interessante Leute kennen. Was nicht nett ist, man lernt auch viele uninteressante Leute kennen. Manche reden und reden, wenn man seine Ruhe haben will, andere sagen beim gemeinsamen Essen keinen Ton, und man stopft sich ungemütlich die Pasta in den Mund. Manche essen und gehen weiter, andere essen nicht, weil sie sich auf einem Fasten-Fitness-Trip befinden. Ich erinnere mich aber auch an das ältere italienische Ehepaar, das eine Kochorgie feierte und mich zu Spaghetti aglio e olio, einer abgespeckten Piccata milanese und einem umso üppigeren Tiramisu einlud.

Und dann gab es diesen deutschen Computerfachmann oder Programmierer, der sich sechs Wochen Urlaub genommen hatte für eine zwölfhundert Kilometer lange Wanderung durch die Berge. Sein Tagespensum waren dreißig Kilometer, wie er mir erzählte. Sechs Wochen lang!

»Ich brauch dringend eine Auszeit vom Stress im Geschäft und mit meiner Freundin. Sie glauben gar nicht, wie anstrengend so eine Freundin sein kann. Zumal eine, deren liebste Freizeitbeschäftigung das Herumnörgeln ist«, sagte er. »Da hab ich mir einfach ein paar Wanderklamotten und Bergschuhe gekauft und bin losmarschiert.«

Anscheinend hatte er aber die falschen Klamotten und Schuhe gekauft, denn obwohl oder vielleicht gerade weil er von Anfang an sein Pensum schaffte, waren seine Füße bald so wund, dass kaum mehr heile Haut zu sehen war. »Hier schau dir das mal an.« Er streckte mir seinen rot-zerschundenen Fuß unter die Nase, dass mir ganz übel wurde von den Blasen, und erklärte fachmännisch: »Kann man alles tapen. Heutzutage kein Problem mehr. Silikonpflaster helfen hervorragend.« Ich nickte bewundernd und fragte mich: Warum tut man sich das an? Meine Füße sind müde und nass, aber ansonsten sind sie ungetaped heil.

Heute sind aber keine wunden Füße im Rifugio, sondern Max und Eva. Die beiden sind ein seltsames Pärchen. Wir sitzen am Tisch, halten Brotzeit mit Salami und Bergkäse und Max erzählt. Davon, dass er keinen festen Wohnsitz hat und mal hier und mal dort lebt, wo es gerade Arbeit gibt oder wo gerade ein Bauernhaus oder eine Hütte ihn vorübergehend aufnimmt.

»Wenn ich ein gemütliches Plätzchen finde, bleibe ich dort für ein paar Tage. Vor meinem Ausstieg aus der Spießergesellschaft war ich Musiklehrer und habe mein Leben mit meinen Schülern, meiner Geige, dem ungarischen Komponisten Béla Bartók und der Reizdissonanz der kleinen Sekunde verbracht, die für Bartók ganz typisch ist.«

Tut mir leid, Max, von Reizdissonanzen von Sekunden habe ich noch nie etwas gehört. Schüler und Schule sind mir schon eher bekannt. Und dass man davor fliehen will, leuchtet mir durchaus ein.

»In der Schule kam ich nicht gut an mit meiner Vorliebe für die Geige und die Dissonanzen. So richtig verstehen konnte mich keiner. Einen Fachidioten haben sie mich genannt, einen verrückten Spinner. Eva war die Erste, die mich ernst genommen hat. Aber die hat ja auch nicht bei uns gearbeitet. Ich glaube inzwischen, die Arbeit an einer Schule kann man nur überstehen, wenn man ein nüchterner Praktiker ist, kein Träumer und Idealist.«

»Alles war laut und grob«, erzählt Max weiter. »Sie hatten keinen Sinn für die stillen Schönheiten des Lebens. Keinen Raum für besondere Klänge. Nur Fließbandarbeit eben.«

Ich muss sagen, da kann ich ihn gut verstehen. Täglich das Korsett zu tragen, das die Kreativität einengt und dir keine Luft zum Atmen lässt. Umsätze machen, Finanzamt bedienen, Gehälter bezahlen. Kein Urlaub, keine Krankheit, keine Wochenenden. Das kenne ich alles zur Genüge. Und bei Max gab es statt der ausbleibenden Umsatzsteigerungen aufmüpfige Schulkinder. Auch nicht besser.

Was folgte, war ein Burn-out. Armer Max.

»Seither hab ich keine Geige mehr angefasst und keine Schule und keinen Konzertsaal mehr betreten. Nicht einmal mehr Musik gehört. Nur Stille um mich herum. Wohltuende Stille. Irgendwann hab ich mir die Frage gestellt, ob die klassische Musik für mich Beruf oder Berufung ist, und bin zu dem Schluss gekommen, dass aus der Berufung ein Beruf wurde, der die Berufung zerstört hat. Jetzt lebe ich oft im Zelt oder in einem Steinhäuschen in den Bergen. Lesen macht mir immer noch Spaß, am Lagerfeuer Winnetous Abenteuer verfolgen, dazwischen vielleicht ein paar philosophische Diskussionen mit Eva. Für all das, was mein Leben jetzt ausmacht, brauche ich fünf Euro am Tag. Das ist nicht viel, aber es verschafft mir die nötige Freiheit.«

Max' Freundin Eva sagt nicht ganz so viel. Sie ist so eine Robuste, kräftig Gebaute. Ein Mädel vom Lande, mit roten Backen, tiefer Stimme und aschblondem Zopf. Sozialarbeiterin, aber nur in Teilzeit: ein halbes Jahr Arbeit, ein halbes Jahr frei.

»Irgendwann, in meinem freien halben Jahr haben wir uns in einem leer stehenden Steinhäuschen eingerichtet. Da habe ich gemerkt, dass es gar nicht so schlimm ist, in einem Haus zu wohnen, das einem nicht gehört und für das man noch nicht einmal Miete bezahlt. Man fühlt sich gar nicht so asozial, wie man denken könnte. Es hat eher etwas von Freiheit. Nach fast sechs Monaten war die Freiheit leider zu Ende, und der Eigentümer des Hauses hat plötzlich Ansprüche angemeldet. Dann sind wir eben weitergezogen. Ein paar Tage im Zelt und dann eine Aushilfsstelle auf einem Bauernhof in Österreich. Jetzt haben wir gerade drüben auf der Scherzo-Alp bei den Kühen ausgeholfen und sind langsam wieder auf dem Weg ins Tal.«

Max ergänzt: »Nächsten Monat geht's nach Kanada, auf einer Farm arbeiten. Solange ich körperlich fit bin, genieße ich mein Leben in Freiheit. Obwohl mir durchaus bewusst ist, dass das nicht ewig so weitergeht und ich eines fernen Tages von den Steuerzahlungen meiner Mitmenschen leben muss. Aber bis dahin kann schließlich noch viel passieren.«

Interessante Einstellung. Aber nichts für mich. So eine kleine Restspießigkeit habe ich mir schon bewahrt. Drei Monate Aussteigerleben reicht mir fürs ganze Jahr. Den Winter genieße ich als Familienvater und Freizeitlandwirt. Ein paar Grillabende an den letzten Sonnentagen im Herbst, dann über Weihnachtsmärkte bummeln, Schafsplätzchen backen und mit meiner Tochter Schneemänner im Garten bauen. Immer auf der Flucht zu sein wär nichts für mich. Aber trotzdem, Hut ab vor dem Mut der beiden.

Dieser Abend ist eindeutig einer der nettesten Scaradra-Abende. Wir liegen noch eine ganze Weile auf unseren Matratzen und plaudern über Gott und die Welt. Senta und Don haben sich so gelangweilt, dass sie schon seit acht Uhr schnarchen.

Um sechs Uhr aufgewacht. Max und Eva schlafen noch. Es kribbelt in meiner Brust. Irgendwo tief in meinem Schäferherzen sagt mir eine Stimme: Aufstehen, Zäune kontrollieren! Brr, ist das kalt in der Küche. Wir haben gestern Abend das Feuer ausgehen lassen. Schnell die Armeehose an (habe gleich drei Stück davon in einem Militärshop gekauft, gute Wahl), Pullover drüber und Wanderschuhe schnüren. Bevor ich das Haus verlasse, heize ich noch ein.

Hier ein paar Tipps für zukünftige Marathonwanderer oder Dreimonatsschäfer: Alphütten sind IMMER kalt, zumindest morgens und abends. Statt bequem die Heizung aufzudrehen, muss im Ofen ein Feuer angezündet werden, und dafür braucht man einen Feueranzünder. Aber Achtung: kein Feuerzeug! Das Gas funktioniert auf dieser Höhe nicht. Also nur Streichhölzer verwenden. Gut sind auch ein paar Brocken Espit, dann das Holz ein wenig stapeln, und los zischt's. Ohne Feuer bekommt man die nassen Klamotten nicht trocken. Und was auch immer man im Outdoorbekleidungsgeschäft erzählt: Selbst Goretex lässt mit der Zeit Wasser durch. Wenn nicht Wasser von außen, dann Schweiß – irgendetwas ist immer feucht. Vor allem im Schuh. Also ist neben den Streichhölzern auch Zeitungspapier ein Muss. Sohle raus und Zeitung rein. Dann vor den Ofen stellen. Morgens die Zeitung aus dem Schuh nehmen und über dem Ofen trocknen, um sie abends wieder zu gebrauchen. Nennt man auch Recycling.

Als alles erledigt ist, schnappe ich mir die Hunde und drehe eine Gassirunde im Gras. Danach habe ich mir ein Frühstück verdient. Max und Eva sind inzwischen auch aufgestanden. Sie kommen (gemeinsam und nackt!) strahlend lächelnd aus dem Bad. Ich möchte nicht wissen, was sie da getrieben haben. Man könnte sonst neidisch werden. Max ruft: »Wir werfen uns schnell was um, dann frühstücken wir noch lecker, eh wir weitermarschieren.«

Ausnahmsweise gibt's auch für mich heute mehr als nur zwei Papikekse: Brot mit Butter und Honig oder wahlweise Marmelade, Käse und Salami. Eva und Max schlagen mächtig zu. »Man muss ja sehen, dass man auch satt wird. Wer weiß, wann's wieder was gibt.« So ganz überlässt Eva die nächste Mahlzeit aber nicht dem Zufall. Sie greift grinsend nach dem Messer und schneidet das übrige Brot in Scheiben, die sie dick mit Butter beschmiert und in einer Papiertüte im Rucksack verstaut.

Wo ich das Butterbrot sehe, fällt mir etwas ein, das ich sofort mit Max und Eva teilen muss:

»Stellt euch vor, was ich auf meiner ersten Alpstelle im Turtmanntal erlebt habe: Es ist eine Buttermachgeschichte. Ich bin zwar kein besonderer Feinschmecker, aber richtig gute Butter auf dem Frühstückstisch ist für mich ein unverzichtbarer Luxus. Ich esse sie nun mal leidenschaftlich gern. Nicht so gern wie der zweijährige Sohn eines Freundes, der die Butter ohne Brot isst, aber immerhin.«

Bei all den Kühen, die morgens, mittags und abends um mich herumbimmelten, packte mich eines Tages der Ehrgeiz, aus ihrer Milch Butter zu machen. Zu dem Zeitpunkt war ich schon umgezogen auf die Kuhalp, in mein zweites Quartier, das ich mir mit den Kuhhirtinnen teilte. Von hier aus konnte ich die zweite Schafsalp besser beaufsichtigen.

Zwischen Kuh- und Schafsbimmeln fasste ich also den Entschluss, Butter zu machen. Meine eigene Butter, gesalzen oder ungesalzen, goldgelb oder pastellgelb, ganz nach Geschmack. Da der Besuch meiner Freundin kurz bevorstand, bat ich sie am Telefon, mir einen unserer zwei Handmixer mitzubringen. Was sie auch tat. Allerdings kombinierte sie das grauweiße Gerät mit den Stäben des reinweißen Mixers, was natürlich nicht funktionierte. Nicht so schlimm, beruhigte ich sie und erfreute mich erst einmal eine Woche an dem Besuch. Nachdem Frau und Tochter aber fort waren, kehrte der Drang, meine eigene Butter zu machen, mit voller Macht zurück.

Also ließ ich mir von den Kuhmädels einen Topf frischer Kuhmilch geben, schöpfte gekonnt den Rahm ab und begann, mit einem Schneebesen zu rühren. Ich rührte und rührte. Nichts geschah. Der Rahm blieb flüssig. Ich rührte trotzdem weiter, rührte gegen meine Frustration an, bis ich irgendwann die aufgeregten Stimmen der Kuhhirtinnen hörte.

»Emma ist verschwunden!«, riefen sie. »Hilfst du uns, Emma zu suchen?« Emma war eine gewaltige Schwarz-Weiße, eine von den braven Kühen, den treudummen, die immer der Leitkuh hinterhertrotteten. Kein Rebell, von dem man Ausreißaktionen kannte. Umso unerklärlicher war ihr Verschwinden.

Halb erleichtert, halb enttäuscht, meine Butter-Vorstufe zu verlassen, zog ich die Stiefel an und rannte hinaus. Wir kämmten das gesamte Gebiet ab, liefen Richtung Pass, Richtung Gletscher, drüben an den kleinen Wochenendchalets vorbei zu den Kieshängen und schrien uns heiser. Nicht einmal Border Collie Ronja wurde fündig.

Konnte sich eine fette, unselbstständige Milchkuh in Luft auflösen? Nein, keineswegs, wie wir nach einer guten Stunde Suchens feststellten. Ich war es, der Emma entdeckte.

Ein schwarz-weiß-roter Fleck tief unten in einer Schlucht. Emma war abgestürzt. Ein falscher Tritt kann einen in den Bergen das Leben kosten. Keine allzu beruhigende Erkenntnis. Der Grund für Emmas Absturz war eine fehlende Absperrung. Kühe sind nicht so eigensinnig wie Schafe. Sie lassen sich mit einem einfachen Seil in Zaum halten. Wenn aber die gewohnte Abgrenzung fehlt, kommt es vor, dass die Kuh verwirrt ist und den falschen Weg wählt. Einen Weg, der nach ein paar Metern steil in die Tiefe führt und damit in den Tod.

Genau das musste Emma passiert sein. Sie hatte die falsche Abzweigung genommen und es nicht rechtzeitig erkannt. Die Trauer war groß. Besonders bei den Kuhmädels, die ihre für den Abend vorgesehene Grillparty auf unbestimmte Zeit verschoben. Emmas Leiche wurde übrigens einen Tag später von einem Helikopter abgeholt.

Sosehr ich die Kuh Emma bedauerte, war ich auch irgendwie gespannt, wieder zu meiner Buttermilch zurückzukehren. Und was sah ich, als ich die Hütte betrat? Der von mir wieder und wieder geschlagene Rahm ruhte sahnig und dick in seiner Schüssel. Gar nicht übel. Ich goss die restliche noch flüssige Milch aus und schlug den Rahm weiter, bis er wenig später zu Butter geworden war. Meine erste eigene Butter.

So hatte Emmas unglückseliger Tod doch letztlich etwas Gutes: Er lehrte mich, dass die Butter nach dem Geschlagenwerden eine Weile allein sein möchte, um sich abzusetzen. Ich verpackte die Butter, die ich pietätvoll Emmabutter nannte, in einer Plastikbutterdose und schmierte das erste Stückchen auf einen Kanten Brot. Das war ein Fest, nach all den Tütensuppen und Nudeln mit Pappschachtelfertigsaucen.

Max und Eva lauschen gespannt. Gebuttert haben sie noch nie selbst. »Aber was wir gerade auf der Kuhalp erfahren haben: Eine Milchkuh gibt bis zu vierzig Liter am Tag! Ist das nicht unglaublich? Allerdings erst, nachdem sie sich auf der Alp akklimatisiert hat. Anfangs, wenn die Umstellung von Heu auf saftiges Gras noch nicht abgeschlossen ist, kann man oft nur wenige Liter aus dem Euter pressen. Und die Milch schmeckt am Anfang der Alpzeit ganz anders. Sie schmeckt, na ja, wie Milch aus dem Supermarkt. Wenn man ein paar Wochen später die frische Kuhmilch probiert, ist sie viel leckerer, mit einem Aroma von Kräutern und Vitaminen.«

Das kann ich nur unterschreiben. Die Milch, die ich nach drei Monaten im Turtmanntal getrunken habe, schmeckte wesentlich intensiver als die Milch der ersten Tage.

»Habt ihr die Milch auch jeden Morgen mit einer Pipeline vom Berg ins Tal geschickt?«

Eva nickt. Ich erzähle, dass die Bauern früher zweimal am Tag hinauf- und hinabsteigen mussten, wie mir René sagte. Kein Vergleich zu heute. Auf der oberen Hütte im Turtmanntal wurde die Abendmilch bis zum Morgen in riesigen Kanistern gelagert. Unten machten dann die zwei Jungs, die auch nur im Sommer dort arbeiteten, Käse daraus und verkauften ihn an Ort und Stelle. Richtig würziger Käse, der nach einer Mischung aus Manchego, Gouda und Emmentaler schmeckte und von dem mir die Käsejungs ab und zu ein Stück schenkten.

Wisst Ihr, das einzige Problem im Turtmanntal – jedenfalls bevor der Wolf kam – war, dass ich die obere Hütte mit den beiden Kuhmädels teilen sollte. Zuerst hat mich diese Aussicht ganz und gar nicht begeistert. Gerade in meinem ersten Jahr als Schäfer gab es für mich nichts Wichtigeres als die Einsamkeit. Sie war der entscheidende Grund für meine Flucht in die Schweiz gewesen. Also wollte ich bestimmt nicht allabendlich meine Sorgen und Nöte mit zwei fremden Frauen durchkauen. (Übrigens auch nicht mit zwei fremden Männern.) Vielleicht waren die beiden ja auch frustriert. Drei frustrierte Menschen auf einem Haufen, das konnte nicht gut gehen. Natürlich waren sie frustriert, redete ich mir ein, warum sonst sollten sie freiwillig zwei Monate mit Kühen um die Wette muhen.

War dann aber alles halb so schlimm. Die Mädels waren nett, weder frustriert noch plauderselig, und der Austausch gar nicht uninteressant. Tina, die ihren Border Collie Anja mitgebracht hatte, Dons Abbild, machte auf der Alp ein Praktikum und studierte in Kassel Landwirtschaft. Genauer gesagt handelte es sich um den dualen Studiengang Ökologische Landwirtschaft. Dual heißt abwechselnd in Betrieb und Hochschule. So viel weiß ich noch als ehemaliger Prüfungsausschussvorsitzender der Fotografen.

Hier hakt Eva ein. Sie habe auch einmal angefangen, Landwirtschaft zu studieren. Mit den Fächern Tiergesundheit, Pflanzenbau, Agrarrecht und Nutztierwissenschaften, dazu noch Betriebswirtschaft und Direktvermarktung. »Mir hat das Studium Spaß gemacht. Aber Max wohl weniger. Zumindest dann, wenn ich mich mal wieder bei der Futterrübenernte verausgabte und er das Nachsehen hatte. Aber da musste er durch.« Eva lacht. »Leider hab ich nach fünf Semestern aufgegeben, weil mir das Geld ausging. Und vielleicht auch die Leidenschaft. Und dann noch das Nasengerümpfe von Max.«

Landwirtschaft wäre vielleicht auch etwas für mich gewesen, sinniere ich laut. »Oder gleich Forstwirtschaft. Da könnte ich meine Erfahrungen als Schäfer und Jäger einbringen. Lust hätte ich wirklich. Aber wer bezahlt das Studium und wer stellt mich ein, wenn ich dann mit über fünfzig mein Examen in der Tasche habe?«

Max versucht, mich zu beschwichtigen. Man sei immer so jung, wie … Ich rücke meinen schmerzenden Rücken gerade.

»Tinas Hirtenkollegin hieß Britta. Sie war eigentlich Reiseverkehrskauffrau. Hatte jahrelang in Spanien gearbeitet, bevor ihr Reiseveranstalter sie entlassen musste. Auf der Alp mit den Kühen genehmigte sie sich dann erst mal eine Auszeit.«

Mal auf andere Gedanken kommen. Den Kopf frei bekommen. Sich wieder auf die wirklich wichtigen Dinge besinnen, das waren Brittas Motive, meinen gar nicht unähnlich.

Wir drei verstanden uns gut. Wäre auch schlecht gewesen, wenn nicht. Unser Haus war unterteilt in meine Einzimmerwohnung auf Kellerebene mit tiefgelegtem Eingang und ihre geräumige Wohnung im Erdgeschoss mit großer Küche und genügend Schlafzimmern für die beiden Frauen und ihre zahlreichen Freunde, die zu Besuch kamen.

Wir saßen tatsächlich ab und zu am Lagerfeuer und schwatzten. Vor allem über den Alltag auf der Alp, der selbstverständlich auch nicht ohne Probleme war. Hin und wieder, meistens abends, half ich den beiden, die Kühe einzutreiben. Man musste laut schreien und den bockigen Kühen mit Stöckchen auf die Lenden klatschen. Es war immer ein ziemliches Gematsche, wenn sie über den vom Regen aufgeweichten Boden spazierten. Einige hatten keine Lust und versuchten, auszuscheren, andere waren so langsam, als würden sie jedem Gänseblümchen Lebewohl sagen. Einmal musste der Tierarzt kommen und die Verletzung einer Kuh mit Salbe behandeln. Das war im Turtmanntal auch anders als hier. Die Zivilisation war greifbarer.

»Stellt euch vor, gemolken habe ich die Kühe auch. Allerdings nur ein- oder zweimal, nur um zu sehen, ob überhaupt etwas herauskommt, wenn ich an den Zitzen ziehe. Das ist richtig anstrengend! Zum Glück gibt es Melkmaschinen.«

Die elektrisch betriebene Anlage zum Kühlen der Kuhmilch sorgte regelmäßig für trockene Wasserhähne. Einmal saßen wir fast fünf Tage lang auf dem Trockenen. Kein fließend Wasser, keine Dusche, keine Klospülung. Alpidyll, wie es im Buche steht. Gummistiefel an, zum Brunnen stapfen, Wasser holen, auf Kaffeekanne und Waschbecken verteilen, zum Kochen, Trinken, Waschen.

Was die Wasserversorgung betrifft, war die obere Hütte im Turtmanntal kein Vergleich zu meiner Hütte hier. Auf der Alpe Garzott gab es bisher höchstens einen halben Tag Wasserausfall. Die erste Hütte im Turtmanntal, in der ich allein mit Senta wohnte, war wassertechnisch auch in Ordnung. Aber in der Kuhhütte streikte das Wasser immer, wenn die Kühe gemolken wurden und der Generator auf Volldampf lief. Manchmal kürzer, manchmal eben länger.

Schafsblues

Wand an Wand mit den Kühen zu leben und sie morgens und abends glockenbimmelnd um unsere Hütte herumrennen zu hören, das hatte seinen eigenen Reiz. Kuhglocken klingen dumpfer und tiefer als Schafsglocken. Es ist unglaublich erholsam, um fünf Uhr morgens von Kuhglocken geweckt zu werden – wenn man Schafhirte ist. Dann schließt man beruhigt die Augen wieder und wartet auf den Klang der hellen Schafsglocken, die erst eine Stunde später dran sind. Eine interessante Erfahrung. Aber insgesamt sind doch eher die Schafe meine Tiere. Nicht nur wegen des Frühaufstehens. Sie haben auch so etwas harmlos Beruhigendes und zugleich Pfiffig-Schlaues. Außerdem sind sie viel geschickter, was mir immer wieder imponiert. Und man muss sie nicht zweimal am Tag melken.

Allerdings gab es im Turtmanntal eine Zeit, in der ich morgens auch schon um fünf Uhr aufstehen und zum Pass hochmarschieren musste. Das war eine Art Wettlauf. Der Sieger durfte bestimmen. Hatte ich es zum Pass geschafft, bevor die Schafe aufwachten, was meistens gegen sechs Uhr der Fall war, mussten sie auf ihrer Weidefläche bleiben. War ich zu spät, büxten sie mir aus.

»Es war lustig. Nicht das Ausbüxen, aber das, was geschah, wenn ich rechtzeitig ankam. Direkt nach dem Aufwachen begannen die Schafe zu singen. Wirklich! Den Schafsblues habe ich es genannt. Das klang so ähnlich wie der Singsang älterer Frauen, die in der Kirche den Rosenkranz beten. Das Leitschaf war die Vorbeterin und alle anderen stimmten in den Chor ein. So wie auf diesem Pass im Turtmanntal habe ich den Blues nie wieder gehört. Es war eine ganz besondere Stimmung, morgens um sechs auf dem Pass mit Blick auf den Gletscher, wenn die Schafe sangen.

Irgendwann stand das Leitschaf auf, schüttelte sich, und auf den Blues folgte das Glockenläuten. Ich konnte sie durch das Fernglas genau beobachten. Ich hätte schwören können, sie überlegten sich die Tour für den Tag. Dann schauten sie hoch, in meine Richtung, als ob sie sich vergewissern wollten: Ist er da? Wenn nicht, dann nichts wie los, ab über den Pass und rüber zur fast unberührten Nachbarweide.«

Max fragte, warum ich den Pass nicht einfach mit einem Flexinet zusperrte. »Dann hättest du dir das ganze Um-fünf-Uhr-Aufgestehe und Rübergewandere zu nachtschlafender Zeit sparen können.«

Nichts wäre mir lieber gewesen (wenn ich auch auf den Schafsblues hätte verzichten müssen), aber genau dieser Pass musste offen bleiben. Und zwar deshalb, weil er sich auf dem Hauptwanderweg in Richtung Gletscher befand, der oft von geführten Gruppen begangen wurde.

Es gab natürlich genügend Wege mit Toren als Absperrung, die die Wanderer selbst öffnen konnten. Aber wozu führte das? Richtig: Die Wanderer vergaßen, die Tore wieder zu schließen, und im Nu war eine ganze Herde rausgeflutscht.

Nach diesen ganzen Turtmanntalgeschichten, die ich beim Frühstück zum Besten gegeben habe, muss ich mich von Max und Eva verabschieden. Schade, aber vielleicht treffen wir uns ja im nächsten Jahr wieder.

Senta, Don und ich machen uns auf den Weg zurück zur Schafsweide.

Ich laufe die gestern aufgestellten Zäune ab. Egal, was Herr Brehm uns weismachen will, Schafe haben zum einen immer den Drang nach oben und zum anderen den Drang, Befehlen NICHT zu gehorchen. Und tatsächlich: An einer Stelle im Zaun hat sich ein junges Schaf verfangen, das ausreißen wollte. Normalerweise fließt Strom auf dem Flexinet, der einen zu engen Kontakt mit dem Zaun verhindert. Aber die Batterie hat nicht funktioniert, als ich die Netze gestern aufgestellt habe. Das ist nun die Konsequenz.

Das Schäfchen strampelt wie wild und verheddert sich immer mehr im roten Stahlzwirn des Flexinets. Was tun? Hunde nach Scaradra bringen, Schaf beruhigen, versuchen, den Hinterlauf zu befreien, versuchen, den Vorderlauf zu befreien. Keine Chance. Die Stahlschnur hat sich durch das Strampeln so eng um Beine, Brust und Hals gezogen, dass das arme Schaf dabei ist, sich selbst zu erwürgen. Es hilft nichts. Ich muss ein Stück durchschneiden.

Hier noch ein Tipp: geeignetes Werkzeug im Marschgepäck haben. Für mich kein Problem. Ich trage seit Jahren einen Leatherman am Gürtel. Zugegeben, zum Anzug sieht es komisch aus. Ist mir aber egal. Mit dem Alleskönner hat man immer dabei, was man als Hundehalter, Schafhüter und Freizeitlandwirt so braucht. Messer, Säge, Zange, Schere und einiges mehr.

Mit der Zange knacke ich den Stahlzwirn am Hals des Schafes auf und schaffe es, den Rest ohne weitere Zerstörung zu entwirren. Ein kleiner Knoten an der zerknipsten Stelle, und das Netz ist fast wie neu. Das Schäfchen humpelt zu seiner Mama zurück.

Kleine Welt

Wie schön, nach Hause zu kommen, wenn man eine Nacht in der Fremde verbracht hat. Ich gönne mir eine Ruhepause auf dem Sperrmüllsofa und sehne mich nach den seltenen

Sonnenstunden, in denen ich meinen Kaffee draußen mit Blick auf die Bergkulisse trinken kann. Aber heute ist es noch nicht so weit. Obwohl sich Schnee und Regen verzogen haben, lauern graue Wolken über der Hütte.

Vor dem Abendessen drehe ich noch eine Runde in der näheren Umgebung, um nach versprengten Tieren Ausschau zu halten. Es sind aber keine Schafe, auf die ich stoße, sondern Murmeltiere. Die pelzigen kleinen Alpbewohner, die sich überall ihre Löcher bauen und beinahe rund um die Uhr piepsend auf sich aufmerksam machen, nur um dann, wenn Senta wild vor Jagdtrieb in ihre Richtung gehechtet ist, mit einem frechen Ätschpieps in ihren Löchern zu verschwinden. Arme Senta. Sie hat sich nach einer Stunde vergeblicher Jagd völlig erschöpft auf die Terrasse gelegt und ist eingeschlafen.

Don ist weniger müde und hat Energie genug, mir seinen Kopf wieder und wieder unterzuschieben, um sich seine nachmittäglichen Streicheleinheiten abzuholen. Genau jetzt, als ich auf der Suche nach einem Leckerli in die Tasche greife, bemerke ich, dass ich noch den Schlüssel von Scaradra bei mir habe. Den Schlüssel, der den dortigen Versorgungscontainer öffnet, in dem die Vorräte für die Hütte lagern und der außerdem das Salz für die Schafe enthält, das ich ab und zu aus den Zwanzig-Kilo-Säcken auf den Steinen verteilen muss. Die Versorgungsmannschaft kommt extra mit dem Heli hochgeflogen, um den Container wieder mit dem Nötigsten zu füllen. Wie teuer ein solcher Flug ist, weiß ich, seit ich gefragt habe, ob der Pilot mein Gepäck nach dem Alpabtrieb auch wieder hinunterschaffen könnte.

Was, wenn der Helikopter ausgerechnet heute Proviant bringen will? Wenn er extra den Berg hinaufffliegt, über Scaradra kreist, landet, wenn der Pilot aussteigt, zum Container läuft, dann am geheimen Ort den Schlüssel nicht findet und unverrichteter Dinge den Rückflug antreten muss? Mir wird heiß und kalt, und meine müden Füße melden sich nach-

*Da unten liegt er,
türkisblau und spie-
gelglatt, der Lago di
Luzzone.*

*Mein hölzernes
Zuhause
im Turtmanntal.*

GANZ OBEN *Ätsch, hier sind wir! Zwei Schafe auf Abwegen ...*

OBEN LINKS *Abgeblätterter Charme:*
ein Briefkasten am Wegesrand

OBEN RECHTS *Zärtlichkeiten:*
Don und Senta lassen grüßen

OBEN *Erfrischung auf dem Weg nach oben.*

MITTE LINKS *Mein Zuhause auf der Alpe Garzott.*

MITTE RECHTS *Endlich bringt der Heli mein Gepäck!*

GANZ UNTEN *Hier geht's nach Scaradra.*

*Blick in Esszimmer
und Küche*

*Klauenbad und
Pediküre*

*Zur Hälfte der
Alpzeit werden die
Schafe begutachtet*

*Durch die Schleuse
zum Klauenbad*

*Die Helden sind
müde*

*Babymilch für
Gretelchen*

*Sicher ist sicher:
Janika angeseilt*

*Kind und Kühe im
Turtmanntal*

*Doch lieber an
Mamis Hand*

*Papi schmiert die besten
Marmeladenbrote*

*Die wichtigsten Schäferutensilien:
Klauenmesser, Kalender, Strommessgerät,
Hustenbonbons und Brille*

Ein Schäfer macht Mittagspause

*Hmm, lecker! Salz für
die Schafe*

*Rast mit Janika
und Nike*

drücklich. Und ich will jetzt an kein Sprichwort denken, von wegen »Was man nicht im Kopf hat, muss man in den Füßen haben«!

Es bleibt mir wohl nichts anderes übrig, als den langen Marsch nach Scaradra noch einmal auf mich zu nehmen. In Anbetracht der fortgeschrittenen Stunde werde ich wohl noch einmal dort übernachten müssen. Was für ein Ärger! Und ich kann nicht mal die Hunde oder sonst wen beschimpfen, weil ich ganz allein so schusselig war, den Schlüssel mitzunehmen.

Alles Jammern hilft nichts, ich ziehe mich warm an, schlüpfe in die noch nicht trockenen Schuhe, rufe die Hunde und gehe los. Ich hoffe nur, dass heute niemand auf der Hütte ist. Ich brauche dringend eine Nacht Ruhe.

War der Weg immer so weit? Heute morgen ging es doch viel schneller. Nach knapp zwei Stunden Wanderung sehe ich die Steinhütte von Scaradra wieder vor mir. Kein Heimkehrgefühl erfüllt mich, sondern nur Müdigkeit und Erschöpfung. Einfach auf die Matratze legen und schlafen.

Von wegen! Als ich die Tür öffne, ist die Bude voll, und mit voll meine ich wirklich voll und nicht nur die Bude. Gefühlte fünfzig Personen, tatsächlich aber nur acht, sitzen vor sechzehn halbleeren Gläsern und vor zehn ganz leeren Weinflaschen und singen lauthals.

»Komm, Wanderschmann, setz dich zu uns! Mir feiern den Fuffzigschte vom Egon hier!«

Egon ist ein gedrungener Halbglatzköpfiger mit rotem Gesicht. Die Höflichkeit gebietet es, dass ich ihm gratuliere. Muss ich mich dazusetzen und mitfeiern? Offenbar ja, wenn ich die erwartungsvollen Blicke der vier Pärchen richtig deute.

»Wo kommsch denn du so spät noch her?«

Ich erkläre den Herrschaften, dass ich der zuständige Hirte für diese Region bin und eigentlich aus der Südpfalz stamme, wohin ich auch im Oktober wieder zurückkehren werde.

»Aus der Pfalz kommter? Schee! Des isch grad übern Rhoi nüber. Mir sin aus Grawe. Kennsch Grawe?«

Nein, Grawe kenne ich nicht, obwohl ich mir einbilde, beim Ausfahren von Fotoarbeiten die Region ziemlich gut kennengelernt zu haben.

»Des isch bei Karlsruh. Grawe-Neidorf. Scheenste Dörfle, des was du dir vorstelle kannsch!«

Aha, Graben-Neudorf. Kenne ich doch. Auch nach fast zwanzig Jahren Berufstätigkeit in Karlsruhe habe ich manchmal noch Mühe mit dem Dialekt. Ich selbst spreche inzwischen fast schon Hochdeutsch. Kaum eine Spur mehr vom Rheinländer übrig, als der ich in Neuwied geboren wurde. Nur noch das nit statt nicht, über das sich meine Tochter lustig macht.

Ich füge mich in mein Schicksal, lasse mir Wein in das siebzehnte Glas eingießen und erzähle von meinem Fotogeschäft.

»Joe Rißmann – Fotografie?«, ruft da Frau Egon. »Ihr häbt doch die Hochzeit von unsere Ältschte fotografiert? Des isch jan Ding! Und du bisch jetz Schäfer?«

Das ist wirklich ein Ding. Erinnern kann ich mich zwar nicht an die Ältschte, aber ich bin platt, wie klein die Welt ist. Die beiden wollen mir nicht glauben, dass ich das Geschäft aus wirtschaftlichen Gründen schließen musste.

»Des war die erschte Adress in Karlsruh. Des kann doch net soi!«

Ich habe auch lang gebraucht, um zu verstehen, dass es doch sein kann. Ich glaube, ich habe sogar die ersten fünfzig Tage im Turtmanntal noch daran gezweifelt.

Wie mir Egons Trauzeuge Frank erzählt, der mir genau gegenübersitzt, ist das zweite größere inhabergeführte Fotogeschäft ebenfalls in Schwierigkeiten. Der arme Dieter! Ich

66

bin nicht schadenfroh. Ich hätte es dem Dieter gewünscht, dass er es wenigstens schafft. Außerdem hätte ich es meinen Leuten gewünscht, die dort untergekommen sind. Aber vielleicht kriegt er die Kurve ja noch. Bloß wie?

Die Preise der Drogeriemärkte sind unhaltbar für unsereins. Obwohl ich, ehrlich gesagt, inzwischen selbst meine Bilder dort entwickeln lasse. Neulich gab es ein Angebot: zweihundert Bilder für acht Euro. Bei mir war hundert für neunzehn das günstigste. Dazu fehlen noch die lukrativen Unternehmensfotos. Nächtelang saß ich vor dem Printer, um den Auftragsbestand abzuarbeiten. Viel Arbeit, keine Freizeit, aber viel Geld. Jetzt viel Freizeit und kein Geld. Irgendwie ist das Leben nie perfekt.

Heute macht die Firmenfotos der nächstbeste Mitarbeiter mit kreativem Hauch. Für die Hauspostille reicht es allemal, denken die Chefs. Entwickeln lässt man die Bilder gar nicht mehr. Warum auch. Läuft alles digital. Wie in den meisten Haushalten. Wer beklebt noch Fotoalben außer meiner Freundin? Da hat man lieber seine Ordner auf dem PC, und wenn der kaputt ist, sind die Bilder futsch. Aber wer denkt schon daran. Gut, ich gebe zu, die Fotobücher sind eine recht schöne Alternative.

Aber zurück zu Egon, Frank und Co. Was sie denn hierher verschlagen hat, frage ich sie. Nach Schäfern sehen sie nicht gerade aus. Nach Wanderern allerdings auch nicht.

»Der Egon hat sich zum Fuffzigschte ein Hüttewocheend gewünscht«, erzählt Frau Egon. »Oimol im Lebe uff die Alp. Sich fihle wie a Senner. Und da hen mir unsere Freunde hierher oigelade. Geschtern sin mir nuff zu annere Hitt und morge geht's wieder nunner.«

Irgendwann verabschiede ich mich. Bei mir geht's morgen schließlich noch nicht »nunner«. Früh aufstehen ist angesagt, Zäune kontrollieren, wenn ich schon einmal da bin. Heute war es zu dunkel. Wie ich aber ziemlich schnell auf meiner Matratze merke, ist an Schlaf nicht zu denken. Egon lässt es an seinem Fünfzigsten richtig krachen. Es wird gejohlt, gesungen und gelacht. Auch um drei Uhr morgens noch keine Spur von Müdigkeit bei den »Grawenern«. Ohrenstöpsel müsste man haben. Gegen halb fünf ist den anderen endlich die Luft ausgegangen, und sie schnarchen sich den Wein aus den Lungen.

Ich bin froh, als ich um sechs Uhr aufwache und die Massenschlafstätte verlassen kann. Wie ich meine Beine spüre. Jeder Muskel meldet sich zu Wort. Dass ich schon so früh, ja, dass ich überhaupt heute hier oben bin, hat einen großen Vorteil: Mit dem Fernglas sehe ich die Schafe an den Netzen stehen, bereit zum Durchmarsch. Die Arbeit ruft.

Jede Herde hat ihren Lieblingsplatz. Renzos Schafe zum Beispiel, die mit der blauen Kennzeichnung, drängt es immer nach Scaradra. Selbst wenn ich sie von dort wegtreibe auf die obere Weide, laufen sie eigensinnig zurück. Sie finden problemlos den Weg. Man könnte meinen, es wären Bergziegen und keine Schafe. Vielleicht haben sich die Wildschafe ja doch nicht so verändert, wie Herr Brehm behauptet. Wenn ihnen danach ist, marschieren sie bis auf den Gipfel – und ich hinterher, weil ich ja keinen Hund habe, der sie auf den richtigen Weg führt.

Ich bringe also die Zäune wieder in Position und mache mich zusammen mit den Hunden auf den Rückweg. Die zwei sind deutlich munterer als ich. Sie haben sich durch das nächtliche Geschwätz und Geschnarche nicht ablenken lassen. Senta springt vor und zurück wie ein Pingpong-Ball. Immer wieder schießt sie an mir vorbei und drängt mich fast vom Pfad ab.

Und dann ist sie plötzlich verschwunden. Ich suche und suche und kann sie nirgends entdecken. Ich schreie, rufe, brülle. Ohne Erfolg. Es wird ihr schon nichts passiert sein.

Trotzdem. Hunde sind zwar geübte Wanderer, aber berger-fahren sind sie nicht. Wissen sie wirklich, wo sie hintreten dürfen? Bei all dem Geröll verletzt man sich leicht. Ich fühle mich gar nicht gut ohne Senta. Ich frage Don, aber Don bellt nur und weiß dann auch nicht weiter. Also bleibt uns nichts übrig, als den Weg zur Hütte fortzusetzen und darauf zu hof-fen, dass Senta irgendwann wieder auftaucht.

Tut sie auch. Stunden später. Stunden, die ich lange nicht so entspannt verbringen konnte, wie ich es mir eigentlich ge-wünscht und nach einem harten Tag und einer noch härteren Nacht verdient gehabt hätte. Aber Senta ist nicht allein. Sie hat ein Murmeltier im Maul. Oder zumindest die Reste davon. Da hat sie also der Ehrgeiz gepackt, und sie hat es tatsächlich nach stundenlanger Jagd geschafft, eines der schlauen Tierchen zu überlisten. Schade für das Murmeltier. Ohne diese kleinen Wesen würde auf der Alp etwas fehlen. Letztes Jahr habe ich mich mit dem Fernglas nahe meiner Hütte aufgebaut und eine Stunde lang zwei Murmeltiere beim Spielen beobachtet. Besser als fernsehen.

Mit oder ohne Murmeltier, ich bin heilfroh, Senta wieder bei mir zu haben. Aber gleichzeitig bin ich natürlich wütend. Stinksauer, um ehrlich zu sein. So etwas darf nicht passieren. Weder auf der Alp noch sonst wo. Ein neuer Beweis dafür, dass man Senta nicht von der Leine lassen sollte. Aber ange-leint ist sie auch nicht ungefährlich. Was tun?

Noch was zum Thema Hunde: Wer längere Zeit auf einer Alp verbringen will, sollte das niemals ohne Hund tun. Abgesehen davon, dass man als Hirte sowieso einen Hund braucht, sind sie ein ganz wesentlicher Teil dieses Eremiten-daseins. Schafhüterqualitäten hin oder her, die Hunde um mich zu haben bedeutet mir unendlich viel. Sie sind meine Freunde, meine Familie, meine Gesprächspartner, meine Kollegen. Sie ersetzen all die Menschen, die im Großstadt-leben meinen Alltag begleiten.

Ein schwacher Ersatz? Keineswegs. Vor allem, wenn man ganz allein bei unverschlossener Tür nachts in seiner Alphütte liegt und unerklärbare Geräusche hört. Zum Beispiel bei der Lektüre eines spannenden Krimis.

Einmal hat Senta, das war letztes Jahr, in den Morgenstunden wie wild losgebellt. Ich schreckte mitten im schönsten Heimattraum hoch, rannte zum Fenster und spähte hinaus in den Sonnenaufgang. Konnte aber nichts erkennen. Keine Schafe in der Nähe, keine Gämsen, die sie übrigens noch mehr liebt als Murmeltiere. Aber dann, auf dem gegenüberliegenden Bergsattel, sah ich einige Schatten, die sich bewegten. Offenbar eine Gruppe Wanderer. Und ich fragte mich: Wie kann Senta die Leute auf die Entfernung und von meinem Bett in der Hütte aus wittern? Unbegreiflich. Und beruhigend. Bei all ihren Spinnereien ist Senta doch ein ausgezeichneter Wachhund. Kein Hütehund, aber zumindest ein Wachhund.

Was Gämsen betrifft, die gibt es hier wirklich massenweise. Anders als in Deutschland dürfen sie in der Schweiz nicht geschossen werden, zumindest nicht im Tessin. Gämsen stehen unter Artenschutz, das habe ich Senta natürlich erklärt. »Hör zu, Sentamaus, keine Gämse angreifen, sonst landest du im Gefängnis.« Und bisher hat sie sich an dieses eine meiner Verbote gehalten.

Es ist Schlafenszeit. Vor dem Ausziehen fällt mir ein: Über all die Warterei auf Senta habe ich glatt vergessen, meine Schuhe mit Zeitungspapier auszustopfen. Wie können Wanderschuhe nur so nass sein? Vielleicht habe ich sie nicht gut genug eingesprüht. Ich will das Versäumte gerade nachholen, da merke ich, dass ich mein Imprägnierspray vergessen habe. So ein Mist. »Renzo nach Imprägnierspray fragen«, schreibe ich auf einen Notizzettel.

Und was ist das? Ich hebe die Schuhe hoch und schaue sie von allen Seiten gründlich an. Vollkommen neue Wanderschuhe. Und bei diesen bergtauglichen Schuhen, die ich nicht etwa im Internet ersteigert, sondern brav beim Fachhändler erstanden habe, beginnt sich die Sohle zu lösen. Weit und breit kein Schuhmacher auf der Alp. Auch kein Sekundenkleber da. Was, wenn die Sohle sich weiter löst? Die Vorgänger haben zehn Jahre und zwei Alpsommer gehalten, und dieses Paar macht schon nach ein paar Tagen schlapp? Einen Materialfehler würde der Verkäufer so etwas wohl nennen. Noch ist es nur ein kaum zentimeterlanger Schlitz. Aber wer weiß, wo das hinführt! Vorausschauend wie ich bin, habe ich zwei weitere Paar Schuhe eingepackt: die guten Trekking-Gummistiefel und die Trekkinghalbschuhe. Ich muss also nicht fußnackt über die Alp laufen. Aber trotzdem!

Endlich liege ich doch in meinem warmen Bett. Es ist groß für eine Alphütte. Ein richtiges Ehebett. Ich kuschle mich an Senta, gebe Don, unserem Bettvorleger, einen Gutenachtkuss und lese noch ein paar Seiten, bevor mir die Augen zufallen.

SONNENTAGE

Zweiter Juli. Ein paar Tage mit Routinearbeiten liegen hinter mir. Keine besonderen Vorkommnisse. Morgens um sechs aufstehen, ans Fenster treten und mit dem Fernglas in die Weite blicken, nach Schafen suchen. Hier auf der Alp ist das Schafehüten ganz anders als bei den Wanderschäfern in Deutschland. Dort lebst du mit den Schafen, bist ständig um sie, kennst jedes einzelne, kannst sie ständig kontrollieren und auf deinen Wegen führen. Hier sind sie nie direkt unter meiner Obhut. Jedenfalls fast nie, ausgenommen die kurze Zeit vor dem Abtrieb und die paar Tage der Lämmerauswahl in der Mitte der Alpsaison. Sie haben also Narrenfreiheit, und wenn eines Lust hat, zu laufen, dann läuft es, weil es der Hafer sticht oder ein Hund bellt. Und wenn eines läuft, dann laufen die anderen auch, zumindest die aus seiner Herde. Wie eine Perlenkette zotteln sie dann schnurgerade irgendwohin, wo es sie gerade hinzieht. Und du merkst es nicht einmal. Am nächsten Tag vielleicht, wenn du Glück hast.

Dabei ist das Gras überall lecker. Richtig saftig mit all den Alpkräutern. Wenn sie mögen, dürfen sie sogar Enzian futtern! Nur an eine Regel haben sie sich zu halten: drei Wochen pro Station. Ich bestimme die Wanderroute. Meine Aufgabe ist es, dafür zu sorgen, dass der Zeitplan eingehalten wird. Bei Wind und Wetter. Da gibt es jeden Tag etwas zu tun. Irgendwo bimmelt es immer, wo es nicht bimmeln soll. Die könnten überallhin abhauen, schlimmstenfalls über die Kantonsgrenze hinweg, wie im letzten Jahr, als eine besonders eigensinnige Herde Wochen nach Alpabtrieb in Graubünden friedlich grasend aufgegriffen wurde. Es liegt am Hirten, aufzupassen, dass so etwas nicht passiert. Bergauf, bergab renne ich herum im Nebel und im Regen, bei Temperaturen, über die sich meine Tochter im Winter freuen würde. Sie liebt Schnee- und Matschwetter. Aber doch nicht im Juli!

Noch etwas: Wenn ich morgens in der Kälte herumspaziere, nehme ich immer ein zweites T-Shirt mit, denn spätestens am Pass ist das erste durchgeschwitzt. Manchmal verbringe ich zwei Stunden dort oben, bis ich die eine oder andere Herde wieder über den Pass zurückgeschafft habe. Dann ist es gut, beim Abstieg nicht unter einem nasskalten T-Shirt auf der Haut zu frieren.

Aber heute ist alles anders. Heute ist etwas passiert, das die ganzen Strapazen vergessen macht. All die Fragen, warum ich mir das eigentlich antue, haben sich erledigt. Nein, sie haben mir keine leichtbekleidete Blondine heraufgeschickt. Es geht um etwas anderes. Etwas viel Besseres.

Die Sonne ist da! Hat sich ihren Weg erkämpft durch Wolken und Nebel. Sie hat es endlich geschafft.

Ich sitze vor meiner Hütte und blicke über meine Berge. Im Pullover, sogar ohne Jacke. Die Sonne streichelt über meine Bartstoppeln und färbt die Wiesen tiefgrün wie meine Proviantkisten. Selbst das alte Plumpsklo da vorn schimmert in neuem Glanz. Es ist gar nicht lange her, da haben es Renzo und Riccarda, Tonio, Anita und der Schafhirte noch benutzt. Wie schön, dass ich jetzt den Luxus eines Badezimmers mit Dusche und Toilette genieße. Mir geht es prächtig! Außerdem: In ein paar Wochen kommt meine Familie mich besuchen. Na gut, ich habe erst zwei Wochen hinter mich gebracht und zwölf stehen mir noch bevor. Aber das sehe ich durch und durch positiv.

In diesem Augenblick bin ich über die Maßen dankbar, hier zu sein. Meine erste Überwachungsrunde habe ich bereits hinter mir. Ich nehme mir also die Zeit zum Ausruhen. Wer weiß, wie lange das Paradies währt. Wenn es draußen warm ist, habe ich unfassbar viel Platz. Die ganzen Berge sind mein Zuhause. Nicht nur die Seite der Küchenbank neben dem Ofen.

Ich kann sogar freiwillig einen Spaziergang machen. Ohne Schafe von A nach B zu treiben. Einfach nur so. Und genau das mache ich jetzt. Ich spaziere von der Hütte weg in Richtung See, vorbei an den drei Ameisenhügeln, in deren ersten Janika letztes Jahr ein Taschentuch gelegt hat, weil ich behauptete, es müsse sich nach kurzer Zeit braun färben von all der Ameisenspucke. Fehlanzeige. Das Taschentuch war genauso weiß wie vorher. Immerhin auch ein Ergebnis.

Unterwegs treffe ich ein, zwei Kröten und überall wachsen Blaubeeren oder Heidelbeeren, je nachdem wie man sie nennt. Gut schmecken sie allemal. Hinter ein paar Hügelkämmen erreiche ich unsere Picknickmulde. Hier saß ich im letzten Jahr mit meiner Freundin und Janika bei frischem Baguette und selbst gepflückten Blaubeeren, im Rücken die weiche, mit Sträuchern bewachsene Felswand und vor uns den atemberaubenden Blick auf den Stausee. Die Gesellschaft der beiden würde mir jetzt auch gefallen. Hätte ich doch den Krimi mitgenommen. Dann könnte ich ein bisschen schmökern. Ich stehe aber mit leeren Händen da. Nur die Hunde springen um mich herum.

Eigentlich eine gute Gelegenheit zum Tagträumen. Ich könnte es mir in diesem Moment sogar erlauben, über unerfreuliche Dinge nachzudenken, ohne eine depressive Verstimmung zu riskieren. Wenn ich im Turtmanntal an Sonnentagen auf meinem selbst gebauten Stuhl aus zwei ineinandergeschobenen Holzbrettern saß, aus denen ich jeweils ein U ausgesägt hatte, waren depressive Anwandlungen noch greifbar nah. In solchen Mußestunden fragte ich mich, was ich falsch gemacht hatte. Damals mit meinem Geschäft. Was ich hätte anders machen können. Und ich quälte mich mit Selbstvorwürfen. Man sagt sich hundertmal, dass das nichts bringt, und tut es dann trotzdem.

Es hätte schon Gelegenheiten gegeben, rechtzeitig mit dem Laden aufzuhören. Zum Beispiel vor dem Umzug auf die andere Straßenseite in den dreimal so teuren Laden, von dem der Unternehmensberater sagte, dass ich damit den dreifachen Umsatz machen würde. Ich hatte damals ohnehin keine Wahl. Dort, wo das evangelische Gemeindehaus, eine Berufsschule, eine Gaststätte, ein Kammertheater und mein kleines Geschäft standen, sollte sich ein Jahr später ein hochmodernes Einkaufszentrum ausbreiten. Ein Gutes hatte das Ganze. Ich verdanke dem Abriss die Beziehung zu meiner Freundin. Wer weiß, ohne das Einkaufszentrum wären wir vielleicht niemals ein Paar geworden, hätten keine Tochter, keine Schafe, keine Hasen und Hühner, und ich wäre jetzt nicht auf der Alp.

Es begann damit, dass meine Freundin die Fotografie für sich entdeckte und den Abriss mit einer kleinen Minolta dokumentierte. Ihr Büro lag genau gegenüber, und sie schoss wirklich hübsche Fotos von zubeißenden Kränen bei Sonnenuntergang, von Kränen, die aussahen wie Drachen, und von leeren Häuserfassaden, verloren zwischen Schutt und Staub.

Die Fotos ließ sie bei mir ausbelichten, weil mein Fotogeschäft das nächstgelegene war (selbstverständlich auch das beste, bei aller Bescheidenheit). Wir unterhielten uns über den Abriss, über die Fotos und die Möglichkeit, die Bilder in einer Ausstellung zu präsentieren. Als sie dann beschloss, die Fotos in den Räumen ihrer Firma zu zeigen, schenkte ich ihr die Abzüge auf dreißig mal vierzig. So etwas verbindet. Das war ziemlich nett von mir, denn eigentlich hatte ich gar keinen Grund, sie zu mögen. Ihr und ihrer Minolta verdankte ich es, dass die Aufträge von ihrem Arbeitgeber ausblieben. Wer braucht schließlich noch Abzüge, wenn er mit der digitalen Minolta die Fotos direkt auf den PC spielen kann.

Er war schön, mein Laden. Boden und Wände sonnengelb, edle Vitrinenschränke, viel Glas, eine freischwebende Holztreppe hinauf zum Studio und das Labor im hinteren Teil des Erdgeschosses. Ich sehe alles noch genau vor mir. Wie ich jeden Morgen hinter der Theke stand und Rechnungen ein- und ausbuchte. Jetzt ist ein Café dort eingezogen. Wo meine Leicas verkauft wurden, spülen sie jetzt Geschirr, und wo wir Bilder entwickelt haben, verspeist man Hähnchencurry. Ich kann kaum glauben, dass man mit Kaffee und Hähnchencurry die hohe Miete bezahlen kann.

Der dreifache Umsatz, den mir der Unternehmensberater prophezeit hatte, entpuppte sich übrigens als halber Umsatz bei dreifacher Miete. Nach vier Jahren blieb mir nichts anderes übrig, als in eine günstige Fabrikhalle am Stadtrand umzuziehen. Leider sind die Kunden nicht mit umgezogen. Hätte ich wissen können. Es gibt schließlich genug statistische Belege dafür, dass jeder Umzug, und sei es nur auf die andere Straßenseite, zu deutlichen Umsatzeinbußen führt. Aber ich wollte es nicht wahrhaben. Ich konnte nicht glauben, dass das ehemals florierende Geschäft plötzlich nicht mehr genug für den reinen Lebensunterhalt abwarf.

»Joe, sei flexibel«, riet man mir. »Du musst dich den Gegebenheiten anpassen. Vielleicht solltest du neben den Fotos noch Wein verkaufen oder Kaffee. Nimm einen Grafikdesigner mit ins Boot. Oder mach mehr Erotikaufnahmen, die gehen immer.«

Ich hätte schreien können. Ich wollte weder mit Lebensmitteln noch mit nackten Körpern mein Geld verdienen, sondern als Fotograf mit Industriebildern, Hochzeits- oder Kinderfotos, mit Pass- und Bewerbungsbildern. Und ich wollte meine Mitarbeiter behalten. All die jungen eigenwilligen Kreativen mit ihren grünen Haaren und Zungenpiercings, die ich gelassen habe, wie sie sind. Jeder sollte seine eigene Individualität präsentieren dürfen. Wir waren schließlich keine Bank. Da war der Hauptschüler, dem ich trotz schlechter Noten als Einziger eine Chance gab, was er mir dann hundertfach zurückzahlte. Die Auszubildende mit Krankheitsfällen in der Familie, der ich zumindest beruflich Halt geben wollte, die Alleinerziehende, die auf das Geld angewiesen war.

Über all diese Dinge habe ich im Turtmanntal nachgedacht und mit mir gehadert. Wenn ich jetzt daran denke, hier im Sonnenschein, spüre ich dagegen eine innere Ruhe in mir, sogar Zufriedenheit. Und wenn wieder Wolken aufziehen und die ersten Regentropfen fallen? Wenn ich mit nassen Füßen zurückstapfe? Bei der ersten dunklen Wolke fällt mir zum Beispiel ein, dass ich neben der Fotografie und der Schäferei gern einen Mini- oder Teilzeitjob hätte, als sicheres monatliches Basiseinkommen. Aber Fachkräftemangel hin oder her, wer stellt schon einen fast Fünfzigjährigen ein? Bei der zweiten schwarzgrauen Wolke denke ich ans Rentenalter, für das ich keine Versicherung mehr besitze, weil ich das Geld damals in die Ladenmiete gesteckt habe.

Schon bahnt sich die Sonne wieder ihren Weg und verscheucht jede Trübsal. Es wird Zeit, wieder an die Arbeit zu gehen.

Gut verarztet

Ich spaziere zurück und mache noch eine Runde, um nach Ausreißern zu suchen. Mit dem Fernglas erspähe ich tatsächlich ein paar weiße Wollknäuel auf dem gegenüberliegenden Hang. Lohnt es sich, sie zurückzuscheuchen? Eigentlich nicht. Es sind ja nur vier Tiere.

Aber etwas ist seltsam. Hinkt da nicht eines der Lämmer? Jetzt gibt es keine Ausrede mehr. Ich packe meinen Arztkoffer und steige auf den Berg. Zum Glück immer noch im Trockenen. Es fällt nicht schwer, das verletzte Schaf zu orten. Es bewegt sich kaum. Sobald ich aber Anstalten mache, es zu fangen, ist es plötzlich wieder topfit und springt mir aus dem Weg. Vorsorglich habe ich meinen Schäferstab mitgebracht. Er sieht aus wie ein zu groß geratener Spazierstock mit gebogener Spitze. Damit kann ich das Schaf leichter einfangen. Mit dem gebogenen Holz um seinen Hals ziehe ich das Schaf zu mir. Es mäht aus tiefstem Herzen und in höchster Panik. Ich schaue mir die Klauen an. Kein Hinweis auf Moderhinke, blutig ist auch nichts. Aber am Gelenk erkenne ich etwas. Eine Entzündung. Ich öffne den Arztkoffer, fülle die Spritze mit Penicillin und setze sie dem armen Schaf, das fast noch ein Lamm ist und vor Angst zittert. Sicherheitshalber noch etwas Blauspray drübersprühen. Das desinfiziert.

Der Hirte ersetzt den Tierarzt. Anders würde es hier oben kaum funktionieren. Einen Arzt einzufliegen stünde in keinem Verhältnis zum Lebenserhalt des Tieres. So ist das nun einmal. Aber ich habe zum Glück etwas Erfahrung mit kranken Schafen. Unsere Mimi daheim litt einmal an einer schweren Euterentzündung. Sie fraß kaum etwas, hatte ein tiefrotes, geschwollenes Euter und zog sich still und leise in den hinteren Stallbereich zurück, wahrscheinlich, na ja, um in Frieden einzuschlafen.

»Ba Mimi Euta Tiera«, erzählte meine Tochter jedem, der es wissen oder nicht wissen wollte. Sie war damals anderthalb, und Ba bedeutete Schaf. Statt mäh riefen sie ihrer Meinung nach ba. Janika wusste natürlich nicht, dass der Tierarzt uns geraten hatte, Ba Mimi einschläfern zu lassen. Allerdings kam das für uns nicht infrage. Und so gaben wir ihr täglich Spritzen, bis sie sich langsam wieder aufrappelte. Lämmer sollte sie aber keine mehr bekommen, sagte der Tierarzt. Die Entzündung könnte zurückkehren, und ohnehin könnte sie mit nur einer Euterhälfte (die andere war abgestorben) unmöglich ein oder gar zwei Lämmer selbstständig ernähren.

Tja, Tierärzte können sich eben auch mal irren: Kurz bevor wir die jungen Böcke – Mimis, Toscas und Carmens Söhne – zu einem Freund geben wollten, damit er sie in seine Bockherde steckt, hatten sie sich noch einmal ausgetobt. Mimi wurde wieder schwanger, brachte nicht nur ein, sondern sogar zwei Lämmchen zur Welt und ernährte sie dann ganz allein mit ihrer übrig gebliebenen Euterhälfte. Für den Notfall hatten wir schon Biestmilch gekauft. Aber bis auf ein Sicherheitsfläschchen, das ich ihnen am Anfang reichte, wurde nichts davon gebraucht. Richtig stolz waren wir auf unsere Mimi. Und natürlich auch auf uns, weil wir sie nicht aufgegeben haben.

Biestmilch habe ich auch jetzt dabei. Schließlich kommen hier ebenfalls Lämmer zur Welt, und man kann ja nie wissen. Bisher musste ich zwar noch keines »säugen«, aber ein paar musste ich doch der Mutter an die Brust legen. Was ich am häufigsten zu behandeln habe, sind Augenentzündungen. Ich schmiere einfach eine spezielle Salbe auf die entzündeten Stellen und warte ab. Meistens ist schon am nächsten Tag alles wieder in Ordnung.

Natürlich bleiben nicht alle Krankheiten oder Verletzungen ohne schwerwiegende Folgen. Das Lamm, das letztes Jahr bei einer Bergwanderung über das Geröll gestolpert und den steinernen Abhang hinuntergestürzt ist, konnte ich zum Beispiel nicht retten. Es hatte sich das Genick gebrochen.

Insgesamt habe ich bisher nur drei Schafe verloren. Aber das sind schon drei zu viel. Sosehr man auch aufpasst und sosehr die Leitschafe sich um ihre Herde kümmern, in den Bergen kann immer etwas Unvorhergesehenes passieren.

Manchmal wird der Schäfer selbst krank. Vor zwei Jahren, im Turtmanntal, hat es mich richtig erwischt. Ich rede nicht von nasenverstopfenden Erkältungen oder einem Darminfekt, so etwas gehört zur Routine. Nein, es war viel schlimmer.

Alles begann etwa zur Halbzeit meiner hundert Tage mit

einem Sonnenbrand. Einem vermeintlichen Sonnenbrand. Im Turtmanntal zeigte der Sommer häufiger sein sonniges Gesicht. Wir konnten dann mittags im T-Shirt vor der Hütte sitzen (sogar meine verfrorene Freundin) und im Sonnenschein Kuchen essen und lesen und plaudern. Ohne reichlich Sonnenschutz ging gar nichts. Ganz anders als hier im Tessin, wo ich mich auf einen Sommer in südlichen Gefilden gefreut hatte und erst einmal tief enttäuscht wurde.

Im Turtmanntal herrschten keine Temperaturen zwischen zwanzig und dreißig Grad – das auch wieder nicht. Aber die Zahl der Sonnentage war deutlich höher. Dort holten sich zwei meiner früheren Fotografen, die mich mit ihren Partnern besuchten, einen heftigen Sonnenbrand. Als dann eines Tages mein Schulter- und Brustbereich auffallend gerötet war, lag die Vermutung nahe, ich wäre mit dem Sonnenschutzmittel zu sparsam umgegangen. (Was sicherlich auch stimmte, weil ich mich als erfahrener Alpenbewohner für abgehärtet hielt.) Mein Verdacht schien sich zu bestätigen, als nach kurzer Zeit aus den Rötungen Pusteln hervorschossen, die an Sonnenbrandblasen erinnerten. Der juckende Schmerz war auch ähnlich, wenn ich mich recht an meinen letzten Sonnenbrand vor geschätzten vierzig Jahren erinnerte. Da mich keiner eines Besseren belehren konnte und ich nicht vorhatte, jemanden in die Geheimnisse meiner zu roten Brust einzuweihen, versuchte ich es mit Fenistil-Salbe.

Morgens, mittags und abends schmierte ich die Brust und den Schulterbereich mit der Salbe ein. Nichts passierte. Die Schmerzen nahmen zu, und die Diagnose Sonnenbrand kam mir immer unwahrscheinlicher vor. Da es für Schäfer auf der Alp keine Krankschreibungen gibt, hinderte mich meine seltsame Krankheit nicht daran, jeden Morgen das Bettzu verlassen und hinauszumarschieren zu meinen Schafen, die ausgerechnet zu dieser Zeit auf einer Wiese hinter dem Gletscher weideten. Ein Weg wie nach Scaradra, nur etwas steiniger. Anderthalb Stunden hin, anderthalb zurück und abends noch einmal den halben Weg hinauf und die Schafe mit dem Fernglas beobachten. Danach fiel ich halbtot ins Bett.

Es war die Hölle. Als ich morgens kaum noch auf die Beine kam, fragte ich meine Schwester um Rat, eine ausgebildete Krankenschwester. Ich beschrieb ihr die Symptome, und sie tippte sofort auf Gürtelrose. Sie kannte die Krankheit aus eigener Erfahrung und erinnerte sich bestens an die Schmerzen. Ich müsse dringend einen Arzt aufsuchen.

Gürtelrose? Hier, hoch oben auf der Alp? Wo sollte ich einen Arzt hernehmen? Wer würde sich um meine Schafe kümmern in der Zeit, die ich beim Arzt, im Krankenhaus oder sonst wo verbrachte? Das kleine Dorf am Fuß der Alp hatte nicht einmal ein ordentliches Lebensmittelgeschäft zu bieten, geschweige denn eine Arztpraxis. Ich traf mich also mit René, der mich zuerst schockiert anstarrte und dann einen Arzt im nächstgrößeren, auf halbem Weg ins Tal gelegenen Dorf empfahl. Fahrzeit eine Stunde zwanzig Minuten. Aber die Gürtelrose ließ mir keine Wahl. Und die Schafe würden es schon einen Tag ohne mich aushalten. In der Landarztpraxis begrüßte mich ein gemütlicher älterer Allgemeinmediziner mit einem freudigen »Grüezi«. Als ich den Namen René Ammann erwähnte, sagte er: »Ich heiße auch Ammann. Bin verwandt mit dem Räne!«

Diese Namensgleichheit gab mir ein Gefühl von Heimeligkeit. Ich war schon nicht mehr ganz so fremd hier in der Arztpraxis, die ohnehin wenig mit anonymen großstädtischen Arztpraxen gemein hatte. Schon das Wartezimmer war eher ein Wohnzimmer mit Eichenholztisch in der Mitte, Obstschale darauf und einem röhrenden Hirsch an der Wand. Nur ein älterer Herr saß dort, der etwas in seinen Bart hineinnuschelte, das ich nicht verstand, und wenig später ins Behandlungszimmer gerufen wurde.

Als ich an der Reihe war, warf Doktor Ammann einen außergewöhnlich kurzen Blick auf meinen inzwischen schwarz gefärbten Ausschlag, rief dann in Richtung Empfangstheke: »Moni, chömmsch du mal her! Schau dir das an: Das ischt eine richtig schöne Gürtelrose. Abr so richtig schön!«

Er war ganz aus dem Häuschen. Scheinbar hatte keiner der anderen Ammanns, oder wie seine Patienten sonst noch hießen, ihn je mit einer solchen Gürtelrose beglückt. Ich fühlte fast etwas wie Stolz in mir aufsteigen, bis mir der Doktor, jetzt erheblich geschäftsmäßiger, einen Kurzvortrag über meine Krankheit hielt:

»Der mädizinische Terminus ischt Herpes Zoster, das kennt man abr äher als Gürtelrose, und es ischt eine neurodermale Infektionskrankheit. Der Erräger ischt das Varizella-Zoster-Virus. Bei Kindern führt där Erschtkontakt zu den bekannten Windpocken, gägen die man aber neurdings schon im Bäbyalter impft. Bedauerlicherweise hat dieses Virus, das meischt in der Kindheit entsteht, die Eigenschaft, über Jahrzehnte in bestimmten Bereichen des Nervensystems zu überläben, ohne dass Krankheitszeichen vorhanden sind.«

Durch eine Schwächung des Immunsystems, beispielsweise durch hartes Hirtenleben auf der Alp, könne das Virus reaktiviert werden und erreiche über sensible Nervenbahnen die Haut. So entstehe die Gürtelrose.

Damit nicht genug, Doktor Ammann, der an diesem sonnigen Augusttag offenbar wenig bis gar nichts zu tun hatte, nahm sich sogar die Zeit, mir zu erklären, der Name Zoster komme aus dem Griechischen und bedeute »Gürtel« entsprechend der gürtelförmigen Hautausbreitung am Körperstamm. Aus diesem Grund werde die Krankheit Gürtelrose genannt.

Wie es zu dem zweiten Wortteil, der Rose, gekommen war, verschwieg er mir leider. Dabei hätte mich das viel mehr interessiert. Ich wollte aber nicht fragen und ihn damit auf neue gedankliche Abwege führen, die mich noch länger in der Praxis aufhalten würden als unbedingt nötig. Er klärte mich darüber auf, dass das Problem weniger die »Puschteln« seien, die nach zwei bis vier Wochen von allein verschwinden würden, als vielmehr die Nervenschmerzen, die einem länger, wenn nicht gar für immer, erhalten blieben. (Stimmt, ich spüre sie auch heute noch hin und wieder, besonders wenn das Wetter umschlägt.)

Als Behandlung gebe es mehrere Möglichkeiten, die antivirale Therapie, die sich gegen die Viren richte und die akuten Schmerzen verringere, und die lokale Therapie mit antiviralen Substanzen oder auch die systemische, die den Gesamtorganismus betreffe. Kurz und gut, ich bekam Antibiotika und eine Salbe verschrieben, die ich mir bei der Apotheke um die Ecke abholen sollte. Zum Glück gab es eine Apotheke um die Ecke.

Abschließend erzählte mein Landarzt mir noch wenig beruhigende Geschichten über Patienten, die aufgrund der anhaltend starken Schmerzen Arzneimittelmissbrauch betrieben und sogar davon abhängig geworden seien wie die vierzigjährige Mutter, die ihn neulich aufgesucht habe und bei der ein Entzug dringend erforderlich sei. Infolge des chronischen Schmerzes entstünden zudem häufig psychische Krankheitsbilder, die das Einwirken eines Psychotherapeuten notwendig machten. Wie aufbauend!

Als ich mich endlich losgeeist hatte, war ich ganz wirr im Kopf. Um alle zu beruhigen, die an Gürtelrose erkrankt sind und diese Geschichte lesen: Ich bin inzwischen physisch wie auch psychisch weitgehend, sagen wir zu achtundneunzig Prozent, wiederhergestellt. Selbst wenn die Schmerzen von Zeit zu Zeit in abgeschwächter Form wiederkommen, bin ich weder in eine Schmerzmittelabhängigkeit geraten, noch musste ich zum Psychotherapeuten. Ich habe seither zwei

Alpsommer in guter körperlicher Konstitution und krankheitsfrei hinter mich gebracht.

Meiner Freundin erzählte ich von der Gürtelrose erst später, als sie mich besuchte und über meine vernarbte Brust erschrak. Ich halte nichts davon, Menschen unnötig in Aufregung zu versetzen. Sie allerdings war da ganz anderer Meinung und machte mir heftigste Vorwürfe wegen meiner Verschwiegenheit.

Wenn ich jetzt an meine Gürtelrosenzeit zurückdenke, fühle ich mich gleich doppelt stark. Wie gut es mir doch geht an diesem immer noch trockenen und restsonnigen Mittwoch im Tessin. Ich beschließe, mir heute zum Abendessen ausnahmsweise keine Tütensuppe oder Dosenspaghetti zu erhitzen, sondern Pfannkuchen zu rühren. Drei Eier sind noch übrig, von denen ich, sparsam wie ich als Hirte bin, nur eines verwende, dazu etwas Mehl, Zucker, Milch und Butter (keine selbst gemachte) und dann die Pfanne auf den heißen Ofen. Der Teig sieht perfekt aus. Nicht zu dick und nicht zu dünn. Allerdings bemerke ich, als ich ihn in die Pfanne fließen lasse, eine gewisse Zähigkeit, die dazu führt, dass die einzelnen Pfannkuchen zwei Zentimeter dick werden. Macht nichts. Ist auch so lecker. Zwei mit Nutella, einer mit Marmelade, ein letzter mit Zucker. Danach ins Bett und lesen. Nach fünfzehn Seiten schlafe ich ein.

Gipfelbrotzeit

Fünfter Juli: Sonnenschein. Nein, falsch. Zu erwartender Sonnenschein, etwa in zwei Stunden. Um halb sechs Uhr morgens versteckt sich die Sonne natürlich noch hinter dem Mond. Aber der Himmel ist so wunderschön dunkelblau, dass es mit Sicherheit wieder ein traumhafter Sommertag wird. Schon der Kaffee mit drei gehäuften Löffeln Pulver und einem drei viertel Liter Wasser aus der Bodumkanne schmeckt besser als sonst. Am liebsten trinke ich ihn bei den üblichen Alptemperaturen aus meiner silbrigen Thermotasse, wie ich sie früher in meinem Geschäft verkauft habe (ein wenig Outdoorbedarf hatte ich schließlich doch im Angebot), sie hält den Kaffee herrlich warm. Denn kalt ist es trotzdem an diesem Sommermorgen.

Nach dem gestrigen Faulenzertag will ich heute etwas beweglicher sein. Den Gang zur Schafsalp absolviere ich ohne besondere Aufregungen und ohne Ausreißer aufzuspüren. Danach will ich das schöne Wetter nutzen und zum Gipfel des Plattenbergs wandern. Er gehört zu den über vierzig Dreitausendern im Tessin und ist in Wahrheit gar nicht platt. Im Gegenteil. Er ist sogar zweigipfelig und reicht vom Tessin bis nach Graubünden. Ein mächtiger Berg, voll mit Schieferplatten an seinen Hängen, die bei Regen und Schnee gefährlich rutschig sein können. Max hat erzählt, dass er trotzdem nicht allzu schwer zu besteigen sei. Nur darum wage ich mich überhaupt an den Aufstieg. Meine Kondition ist zwar inzwischen passabel, aber ein Bergsteiger bin ich nie gewesen. Ich habe wenig Ahnung von Sicherungsmethoden und verlasse mich am liebsten auf meine zwei Füße.

Auf meine Wanderschuhe kann ich mich zurzeit nicht unbedingt verlassen. Leider schmückt sich der Plattenberg auf der sanfter abfallenden Seite mit einigen Eisfeldern, die es zu überqueren gilt. Ich hoffe nur, dass die Sohlen halten. Die Hunde lasse ich ausnahmsweise im Haus. Nicht dass sie, oder vor allem Senta, auf Gämsenjagd nach Graubünden verschwinden.

Längst hat sich die Sonne ihren Weg am Mond vorbeigeschoben und brennt auf mich herunter. Von Schatten keine Spur hier, weit oberhalb der Baumgrenze. Wenigstens trage ich meine Baseballkappe. Ich nehme einen Schluck aus meiner Armeeflasche.

Der Hang vor mir sieht aus wie ein Flickenteppich. Hier ein grünes Quadrat, dort ein graues, da ein weißes. Fast geometrisch angeordnete Flechten verzieren Geröll und Gestein. Eines nach dem anderen durchwandere ich die Quadrate und spüre die verschiedenen Untergründe bei jedem Schritt. Ich spüre noch etwas. Ein Schlabbern und Platschen. Die Sohle meines rechten Wanderstiefels hat sich vom Zeh fast bis zum Fußballen gelöst. Muss das ausgerechnet jetzt passieren? Natürlich. So etwas passiert immer auf Großwanderungen oder in anderen unpassenden Momenten.

Ich versuche, das Platschen zu ignorieren. Meine Kondition ist gut. Ich habe schon über die Hälfte des Anstiegs bewältigt und bin noch erstaunlich fit. Allerdings wird das Sohleschleifen mit jedem Schritt lästiger. Was soll ich tun? Die Schuhe ausziehen? Ersatzschuhe habe ich nicht dabei, Klebstoff auch nicht. Ich setze mich auf den nächsten größeren Steinbrocken und denke nach. Keine Tücher, keine Bänder dabei. Aber eine Idee habe ich. Die Schnürsenkel sind ziemlich lang. Ich ziehe einen heraus, binde ihn mir vorn um Sohle und Schuh, schneide den Rest ab und fädele ihn mir wieder ein. Die letzten vier Löcher bleiben unverschnürt, aber das macht nichts. Eine Weile wird das Provisorium halten.

Nach etwa drei Stunden haben meine kaputten Schuhe und ich es geschafft. Oben angekommen, genieße ich die Aussicht nach allen Seiten, hinüber in die Nachbarkantone. Berge über Berge. Einer neben dem anderen, einer über dem anderen, ein Gipfel mit Schnee, einer ohne. Ich fotografiere einmal ringsum und freue mich schon darauf, die Fotos am PC zu einem Panorama zusammenzubauen. Das Können der Fotografen wird heute eben durch gekonnt programmierte Software ersetzt. Eigentlich frustrierend. Aber was soll ich mich beschweren, wenn ich die neue Technik sogar selbst nutze. Ganz trunken von Erklimmungseuphorie und Höhenfieber suche ich mir eine windgeschützte Stelle und breite mein mitgeschlepptes Picknick auf einer ebenfalls mitgeschleppten Tischdecke aus. Auch eine Gipfelbrotzeit will zelebriert sein. Das habe ich von meiner Freundin gelernt. Sie ist eine Meisterin im Picknicken und scheut auch nicht davor zurück, das bei minus zwei Grad an den Heidelberger Neckarwiesen unter Beweis zu stellen. Ich labe mich an Wurstbrot, Käsestückchen und Papikeksen und finde, dass kaum noch etwas übrig ist von dem Großstadtmenschen aus dem fernen Süddeutschland.

Komplett andere Gewohnheiten und Tätigkeiten, unkomplizierte Kleiderauswahl, selbst die Essensvorlieben haben sich dem Einsiedlertum angepasst. Tagsüber surfe ich nicht im Internet auf der Suche nach Leicaobjektiven, abends knipse ich nicht den Fernseher an, um die schnelle Unterhaltung zu finden, und sonntagmorgens gehe ich nicht frühstücken, sondern bemerke nur nebenbei, dass es überhaupt Sonntag ist.

Was hier zählt, hat mit dem Alltag zu Hause wenig zu tun. Gutes Wetter, Schafe, die sich dort aufhalten, wo sie sich aufhalten sollen, eine gehorsame Senta oder der Blick vom Plattenberg auf schier endlose Gipfelketten. In der Ferne, Gott sei Dank auf der richtigen Höhe, wandern ein paar Schäfchen hin und her. Das sind meine stillen Freuden des Alplebens.

Der Gedanke an meine Familie schiebt sich dazwischen, die Vorfreude auf ihren Besuch. Den Zwerg an der Hütte herumstapfen zu sehen mit ihren wilden Locken und dem süßesten Lächeln der Welt. Die kleinen Füße in den Wanderstiefeln und den stolzen Blick auf den Papi, der hier oben arbeitet, ganz woanders als die Papis anderer Kindergartenkinder.

Ich rolle meine Jacke auf dem Boden aus, lege mich zurecht und mache ein Mittagsschläfchen.

Kaum habe ich die Augen geschlossen, verwirren sich meine Gedanken, lösen sich von Gegenwart und Realität und streifen umher. Ich sehe Schafe. Hunderte, Tausende von Schafen mit bimmelnden Glöckchen, sie wandern den Berg herauf. Es ist ein beruhigendes Klingeln, kein aufforderndes, das in meinen Ohren widerhallt. Mitten unter den Schafen sehe ich eine Gestalt. Eine Gestalt, die ich hier am wenigsten erwartet habe! Auf dem Gipfel des Plattenbergs, zwischen all den Schafen, sitzt ein mittelgroßer Mann mit schwarzgrauem Haar. Schäfer Zenker! Mit seinem cholerischen Temperament und seiner Wuschelhündin Tinker. Bei ihm habe ich in Deutschland eine Weile gearbeitet. Was macht der hier? Natürlich – er schreit.

»Joe! Zeig dem Hund, wo's langgeht! Der tanzt dir sonst auf der Nase herum! Joe!«

Ich schrecke auf. Wie seltsam. An Zenker habe ich seit zwei Jahren keinen Gedanken mehr verschwendet, erfreulicherweise, denn mit ihm verbinde ich eher unangenehme Erinnerungen:

Als Schäfer in Deutschland

Nach meinen hundert Tagen im Turtmanntal war ich in die Pfalz zurückgekehrt und hatte die Erfahrung im Gepäck, wie glücklich mich die Arbeit mit Tieren in freier Natur macht. Mit dem Fotografieren wollte ich noch immer nichts zu tun haben – jedenfalls beruflich. Daher begann ich nach einer Schäferstelle in Deutschland zu suchen, nach der Möglichkeit, eine erfüllende Arbeit mit einem erfüllten Familienleben zu verbinden.

Einen Entschluss hatte ich dort oben im Wallis gefasst: Ich wollte als Angestellter genügend über die Hüteschäferei, von der ich auf der Alp ja nicht allzu viel mitbekommen hatte, erfahren, um mit unseren vier Schafen als Grundstock eine eigene kleine Herde aufzubauen, mit der ich dann als selbstständiger Schäfer mein Geld verdienen konnte.

Voller Euphorie warf ich im Herbst einen ersten Blick in die Jobbörse. Unter welchem Stichwort sollte ich suchen? Schäfer? Hüteschäfer? Nichts. Dann vielleicht eher Tierwirt. Tote Hose. Offenbar war es nicht die richtige Jahreszeit, um Schäfergehilfen einzustellen. Woche für Woche schaute ich nach den Stellenanzeigen und stieß mitten im tiefsten Winter endlich auf das Inserat eines Schäfers vom Bodensee. Er suchte für Jahresbeginn einen Wanderschäfer. Nach meiner Alperfahrung und dem hervorragenden Zeugnis, das mir René ausgestellt hatte, bestand kaum ein Zweifel, dass er mich einstellen würde. Dachte ich.

Eine tiefe Stimme brummte ins Telefon. Eine rauchige Stimme mit einem Dialekt, den ich wieder einmal schlecht verstand. Er knurrte etwas von: Jo, Interesse wär scho da. Wenn ich nichts dagegen hätt, in einem Wohnwagen zu läbe und sechs bis siebe Tag die Woch zu arbeite. Über die Sonntage könnt man ja mal räde.

Ich dachte, ich hätte mich verhört, und fragte nach. Nein, andersch gings nät. Wär sollt sich denn sonst um die Schafe kümmere?

Ich erklärte ihm etwas von Familie und Kind und dass ich doch zumindest jedes zweite Wochenende freihaben müsste. Aber wir wurden uns nicht einig.

Meine Euphorie war verschwunden. Ein paar Tage später wagte ich erneut einen Blick in die Jobbörse und, siehe da, ich stieß auf eine frisch eingesetzte Anzeige aus dem Murgtal. Das Murgtal lag etwa eine Dreiviertelstunde von uns entfernt. Das wäre ja fast schon zu perfekt!

Das Gespräch verlief recht positiv, und Schäfer Reisig lud mich ein, am nächsten Tag bei ihm vorzusprechen. Ich fuhr hin, traf einen verschrobenen mittelalten Herrn inmitten einer chaotischen Umgebung und kam mir vor wie ein Kandidat von *Bauer sucht Frau*. Zum Glück hatte ich ja andere Ambitionen.

Das Gespräch war zwar kurz, aber erstaunlich konstruktiv, und ich durfte gleich den Schafscherern, die gerade auf dem Hof waren, zur Hand gehen. Ich arbeitete noch zwei weitere Tage Probe, bis ich erfuhr, dass die ausgeschriebene Stelle derzeit mit zwei Polen besetzt war, die für ein Gehalt doppelte Arbeit leisteten. Man sei sich aber nicht sicher, ob man die Herren behalten möchte, und werde sich melden.

Ich habe nie wieder etwas von Schäfer Reisig gehört.

Die Enttäuschung war groß, aber ich gab nicht auf, sondern kontaktierte den noch am wenigsten weit entfernten Betrieb in Jena. Erneute Einladung zum Vorstellungsgespräch mit längerer Anfahrt, ansonsten aber ähnliches Spiel: nettes Gespräch und die Einladung zum einwöchigen Probearbeiten, unentgeltlich, versteht sich. Nicht einmal die Fahrtkosten wollte man mir erstatten. Ich kam langsam auf den Trichter, dass sich manche Schäfer auf diesem Weg erstaunlich kostengünstig in monatlich wechselnder Besetzung ihre Arbeit erledigen ließen. Also wieder nichts.

Der Nächste auf der Liste saß in Brandenburg. Wollte ich wirklich nach Brandenburg? Jena war schon weit, aber Brandenburg? Würde ich mein Kind jemals wiedersehen? Trotzdem, Geld musste verdient werden, und ich brauchte mehr Erfahrung. Was folgte, waren zehn Stunden Autofahrt, davon geschlagene zwei mitten durch die Pampa. Da war nichts. Keine Städte, keine Unternehmen, keine Menschen. Hier und da eine Häuseransammlung, die kaum den Namen Dorf verdiente, vor allem aber Ackerland über Ackerland und Obstwiesen über Obstwiesen.

Schäfer und Ehefrau waren recht freundlich, schienen auch durchaus interessiert, vor allem an Probearbeit, und führten mich durch den riesigen Hof. So weit hatte ich nichts zu beanstanden. Bis auf die Baracke, in der ich hätte wohnen müssen, mit Klappbett, zwischen kaputten Schränken und verdreckten Wänden. Und das Ganze für einen Mietpreis von dreihundert Euro! Aber ich war so verzweifelt, dass ich sogar das in Erwägung zog. Nach erfolgreich beendeter Probezeit versprachen sie mir eine feste Anstellung. Mit den Wochenenden würde man sich sicher einig werden. Bei der Entfernung rentierte es sich ja ohnehin nicht, jedes Wochenende nach Hause zu fahren. Aber alle zwei bis drei Wochen könnte man mir durchaus zwei Tage freigeben.

Ich erbat mir Bedenkzeit und fuhr in der Nacht noch die zwei Stunden durch die Pampa und die acht Stunden Autobahn zurück. Zwischendurch musste ich an einem Rastplatz einen Kurzschlaf einlegen. Selbst zwei Energiedrinks hatten mir nicht mehr geholfen.

Es war wirklich frustrierend.

Meine Freundin und ich einigten uns recht schnell darauf, dass die Stelle in Brandenburg nicht infrage kam. Am folgenden Nachmittag, kaum ausgeschlafen, warf ich noch einmal einen Blick in die Jobbörse. Aha! Jetzt war sogar eine Mitarbeit bei der Fellkonservierung im Angebot. Das war doch mal etwas Neues:

»Zur Verstärkung unseres Teams suchen wir ab dem nächstmöglichen Zeitpunkt, eine/n Mitarbeiter/in für die Konservierung von Schaffellen, auf geringfügiger Basis, in Teilzeit flexibel, ca. vierzehn Stunden/Woche.

Zu Ihren Aufgaben gehören unter anderem:
– das Abholen von rohen Schaffellen bei der Schlachterei
– das Konservieren von Schaffellen mit Salzen
Wenn Sie über eine robuste Natur verfügen und zuverlässig sind, freuen wir uns auf Ihre telefonische oder persönliche Bewerbung.«

Na, da könnt ihr lange warten. Ich werde gewiss kein Zuträger von Schafspelzmänteln.

Aber stopp! Wie wäre es denn damit?

»Schäferei Zenker sucht ab Mitte Februar einen Schäfer zur Betreuung der Schafherde, Mithilfe bei der Lammzeit, Mithilfe am Betriebsablauf. Anforderungsprofil: das Hüten von Schafen mit einem Hund; Kenntnisse an Schafen (Krankheiten, Geburtshilfe, Klauen schneiden usw.). Unterkunft und Verpflegung können auf Wunsch gestellt werden. Ausgebildete Hütehunde stehen zur Verfügung.«

Und dazu noch, das war das Beste, in der Nähe von Pirmasens, also nur rund eine Stunde von uns entfernt. Wenn es zu spät oder zu teuer würde, könnte ich ab und zu in der gestellten Unterkunft übernachten und ansonsten allabendlich nach Hause fahren.

Skeptisch blieb ich dennoch. Vor allem, was kostenloses Probearbeiten betraf. Ich schickte dieses Mal per Mail meine Bescheinigungen und Zeugnisse und wurde, wie immer, zum Vorstellungsgespräch geladen.

Schäfer Zenker bewohnte den Hof gemeinsam mit seinem Sohn, der gerade dabei war, in seines Vaters Fußstapfen zu treten, und sich zum Tierwirt Schäferei ausbilden ließ, seiner gemütlichen Ehefrau und seiner Mutter. Er machte auf den ersten Blick einen sympathischen Eindruck. Auch der Hof war sauberer und gepflegter als das, was ich vorher gesehen hatte.

Die Wohnung könnte er mir, da ich sie ja nicht ständig benutzte, kostenlos zur Verfügung stellen. Dafür müsste er monatlich zweihundert Euro für die von seiner Mutter gekochte Verpflegung (ein Mittagessen um elf Uhr und ein Vesper um achtzehn Uhr) vom Gehalt abziehen. Ein festes Gehalt samt Krankenversicherung. Das klang verlockend. Selbst wenn es sich nur um knapp achthundert ausbezahlte Euro handelte.

Um das Probearbeiten kam ich auch dieses Mal nicht herum, aber der Vertrag wurde schon vorab per Handschlag abgeschlossen, und Schäfer Zenker wollte die Probezeit (es geschehen noch Wunder) tatsächlich vergüten.

Kaum zu glauben! Ich konnte also bei meiner Familie bleiben, mit Schafen arbeiten und Geld verdienen. Der einzige Haken waren auch hier die Arbeitstage. Unter Sechstagewoche ging in der Schäferei offenbar gar nichts. Es könne vielleicht über den einen oder anderen zusätzlichen Samstag verhandelt werden, erklärte Zenker, allerdings nur für den Fall, dass sein Sohn, Albert, dann nicht im Blockunterricht sei und mich vertrete.

Eines verstehe ich an der ganzen Angestelltenschäferei nicht: Wie kann ein normaler Mensch mittleren Alters, und genau ein solcher hatte vor mir zwanzig Jahre lang bei Zenker gearbeitet, ohne richtiges eigenes Zuhause für achthundert Euro an sechs Tagen in der Woche arbeiten? Von Urlaub gar nicht zu reden. Wo bleibt da Zeit fürs Privatleben? Oder haben angestellte Schäfer grundsätzlich kein Privatleben? Zumindest keines, das sie mit anderen Menschen teilen?

Ich jedenfalls wollte den Job nicht bis zur Rente machen, nur eben so lange, bis ich das nötige Wissen für eine eigene Schäferei aufgebaut hatte. Mir war zwar bewusst, dass ich mit dem eigenen Schäfereibetrieb sogar sieben Tage die Woche würde arbeiten müssen, zumindest ehe ich mir einen Angestellten leisten konnte, aber das schreckte mich nicht. Hauptsache, ich war bei meiner Familie.

Die Arbeit als Tierwirt Schäferei war verdammt hart. Morgens um halb acht ging es los. Zuerst Ställe ausmisten, dann fütterten wir die Schafe und hielten Ausschau nach den trächtigen Müttern und den neugeborenen Lämmern. Außerdem war gerade Scherzeit. Polnische Schafscherer liefen auf dem Hof herum und knöpften sich ein Schaf nach dem anderen vor. In Windeseile waren die Merinoschafe geschoren. Bei unseren Bergschafen brauchte ich für ein einziges eine halbe Ewigkeit. Das lag zum einen an meiner mangelnden Übung im Schafscheren und zum anderen daran, dass die bockigen Tiere Herrn Brehms Theorie von den treudummen Hausschafen einmal mehr Lügen straften.

Schon das Einfangen der Bergschafe und das In-die-Scherstellung-bringen kostete Zeit. Irgendwie spürten sie, was ihnen blühte. Sie verzogen sich in eine Ecke des Stalls und spielten von dort aus Katz und Maus mit mir. Wenn ich dann doch eines erwischt hatte, setzte ich es mit dem Hinterteil in einen alten Autoreifen. Ein Schaf auf einem Gummithron. Erhaben und demütigend zugleich. Die Schermaschine, die aussah wie ein zu groß geratener Rasierer, setzte ich zuerst an der Brust an. Das Wichtigste beim Scheren ist, die Wolle straffzuziehen, bevor man sie abrasiert, damit man nicht aus Versehen Hautfalten blutig schneidet. Trotzdem kommt es leider vor. Wenn das Schaf erst mal sitzt, könnte es eigentlich schnell gehen. Zumindest wenn man Profi wäre und ein Merinoschaf vor sich hätte.

Aber bei den Bergschafen und mir begann der Kampf jetzt erst richtig. Immer wieder strampelten sie sich frei und schlugen mir die Schermaschine fast aus der Hand. Mit einem Assistenten ging es leichter, mit meiner Freundin zum Beispiel. Zusammen brauchten wir eine knappe Stunde, dann hatten wir die Wolle ab, ein paar Wunden mit Blauspray desinfiziert, die Klauen gleich noch geschnitten, und es ging ans nächste Schaf. Vier an einem Tag reichten mir vollauf. Die fünf Polen schafften jeweils hundertfünfzig Schafe am Tag. Hut ab! Hier assistierte ich ihnen. Die Situation war fast schon surreal und erinnerte mich sehr an den dritten Teil der *Dornenvögel*, einer der wenigen Filmserien, die ich als Junge im Fernsehen anschauen durfte. Die Schafscherer interessierten mich schon damals mehr als der Priester und seine verbotene Liebe.

Trotz des ungleich milderen Gemüts der Merinos hatte

ich Mühe, die wohlgenährten Schafe festzuhalten. Nach einer Woche schmerzten meine Hände bei jeder Bewegung. Dumm, weil sie bei der Arbeit auf dem Bauernhof natürlich ständig gebraucht werden.

Zenker schlachtete auch selbst. Jeden Montag (für umliegende Metzgereien), jeden Freitag und jeden Samstag für die Muslime, die teilweise mit eigenem Metzger anrückten. Den islamischen Glaubensvorschriften entsprechend wurden die Tiere geschächtet, man schnitt ihnen also mit einem speziellen Messer durch die Halsunterseite, damit sie vollständig ausbluten konnten. So kam man dem Gebot nach, kein blutiges Fleisch zu verzehren. Immerhin wurden die Schafe vorher elektrisch betäubt, wie es in Deutschland gesetzlich vorgeschrieben ist. Das beruhigte mich etwas.

Nach dem Schlachten wurde das Fell abgezogen. Eine unangenehme Geschichte. Manche Schäfer machten das mit Druckluft, die zwischen Körper und Fell geblasen wurde und beides voneinander löste. Andere, wie beispielsweise Zenker, zogen den toten Schafen mit einer Winde das Fell ab. Die Felle wurden gereinigt und zur Konservierung rundum eingesalzen, und einmal im Monat kam jemand vorbei, der sie aufkaufte. Besonders schöne Felle gab Zenker selbst zum Gerben ab und hängte sie etwa in seinem Wohnzimmer an die Wand.

Übrigens waren fast alle Bestandteile der Schafe verwertbar. Nur vollkommen unbrauchbare Überreste wie die Innereien kamen in Riesenmülltonnen, die regelmäßig von einem Wagen der Tierkörperbeseitigung abtransportiert und an Sammelplätzen verbrannt wurden.

Die allgemeine Stimmung fand ich zunächst ganz angenehm. Die Mittagessen waren zwar etwas zu vormittäglich, aber ansonsten schmackhaft in unterhaltsamer Runde. Nur von Zeit zu Zeit blitzte ein Funken von Zenkers cholerischem Temperament auf, das ich später noch zur Genüge kennenlernen sollte.

Als dann aber der erste Sonntag kam und ich mich auf ein gemütliches Ausspannen zu Hause mit Familienfrühstück und Ruhe für die Hände freute, wurde mir kurzfristig mein freier Tag gestrichen.

»Freimachen? Heute? Unmöglich. Albert ist auf Exkursion, und wer soll denn dann beim Füttern helfen? Ich hab doch gesagt, du kannst nur freimachen, wenn Albert da ist.«

Dreizehn Tage durcharbeiten. Wenig Geld, keine Zeit und dazu geschwollene Hände. Bei aller Leidenschaft für die Schäferei, das war kaum zumutbar. Den zweiten Sonntag hatte ich übrigens auch nicht frei, weil die Exkursion des Sohnes noch immer andauerte. Meine einzige Hoffnung war, dass sich die Situation verbessern würde, wenn die Schafe erst einmal draußen auf der Weide waren. Noch war Winter. Stallzeit.

Unmöglich war nicht nur der Umgang mit seiner Familie, die Zenker nach Machoart herumkommandierte, sondern auch mit den Tieren. Mancher erfahrene Landwirt hätte sich vielleicht nicht daran gestört, aber für mich war es schlichtweg erschreckend, wie lieblos auf Zenkers Hof die Tiere behandelt wurden. Sie waren Produkte. Mehr nicht.

Die Hunde hausten in einem Zwinger und durften sich erst im Frühjahr wieder frei bewegen, wenn sie sich an ihre Hütearbeit machen mussten. Die Schafe waren seelenlose Ware mit der einzigen Funktion, Geld einzubringen. Wenn eines krank war, schlachtete man es. Einen Tierarzt habe ich nie auf dem Hof gesehen. Viel zu teuer, sagte Zenker. Wenn ich da an Mimis Euterentzündung denke. Bei Zenker hätte sie keinen Tag überlebt.

Und dann der Umgang mit der Geburt. Geburten liefen ab wie am Fließband. Dank meines Lehrgangs »Lammzeit richtig managen« konnte ich wenigstens das eine oder andere

Lämmchen vor dem Tod retten. Trotzdem sind unglaublich viele von ihnen gestorben. Mir blutete oft das Herz.

Natürlich bin ich nicht so naiv, zu glauben, in anderen Schäfereibetrieben gehe es humaner zu. Bestimmt nicht. Vielleicht fehlt einfach die Zeit für das einzelne Tier, wenn man zusehen muss, dass man wöchentlich genügend Schlachtfleisch auf den Markt bringt, um die Familie zu ernähren. Leicht haben es die Schäfer nicht. Zenker arbeitete selbst regelmäßig sieben Tage die Woche.

Etwas erträglicher wurde die Situation tatsächlich, als wir im Frühjahr mit den Schafen aufbrachen, um gemeinsam durch die Wälder und Wiesen zu ziehen. Hunde, Schafe und ich konnten wieder frei atmen. Allerdings kam nun auch Zenkers cholerisches Temperament verstärkt zum Vorschein. Vor allem wenn die kleine struppige Hütehündin Tinker nicht gehorchen wollte. Tinkers Bockigkeit brachte Zenker jedes Mal aufs Neue zur Weißglut. Wenn die Schafe wieder einmal vor der bellenden Hündin (erinnerte mich stark an Senta) in alle Himmelsrichtungen davonstoben, schrie er zuerst Tinker an, dann die Schafe, dann seinen Sohn Albert, falls er sich ausnahmsweise nicht auf Exkursion befand, und dann mich.

Aber bei mir geriet er an den Falschen. Ungerechtigkeiten waren mir in meinem gesamten Berufsleben zuwider. Vielleicht war ich auch zu lange Chef, um mich von einem Choleriker behandeln zu lassen wie ein Schuljunge. Die Folge waren immer längere Diskussionen.

Es kam der Punkt, an dem ich schon Zenkers Anblick nicht mehr ertragen konnte. Umso mehr genoss ich die Zeit, die ich von jetzt an allein mit Schafen und Hund auf der Weide verbringen durfte. Es war eine Situation, die ich auch im Turtmanntal selten so erlebt hatte. Die eigentlich nur ein Wanderschäfer erleben kann. Wenn wir uns auch für die Nacht trennen mussten, teilten wir doch viele lange Stunden draußen in der Natur. Es ist etwas Schönes, seine Tage mit Schafen zu verbringen. Schafe beruhigen ungemein. Seltsam, dass sie bei Zenker derart ihre Wirkung verfehlten. Wenn man nicht ständig fürchten muss, dass sie auf einen falschen Gipfel abhauen, verbreitet ihr Mähen eine Friedlichkeit, die durch nichts zu überbieten ist. Oft saß ich einfach auf einem Baumstamm und betrachtete die grasenden Tiere.

Ich nahm mir auch die Zeit, mich etwas eingehender der Hündin Tinker zu widmen. Senta und Leo musste ich übrigens zu Hause lassen. Fremde Hunde waren bei Zenker nicht erwünscht. Die arme Tinker war so verfilzt, dass ich ihr erst einmal mit dem Kamm, den ich sonst für Leo verwendete, das Fell durchkämmte und die schlimmsten Knötchen mit der kleinen Leatherman-Schere abschnitt. Am Ende sah sie wieder ganz passabel aus. Auch ansonsten hatte ich wenig Grund zur Klage. Ich spürte deutlich ihre Dankbarkeit, und sobald Zenker außer Reichweite war, gehorchte sie mir aufs Wort. Aber das konnte ich ihm ja kaum beweisen. Jedenfalls zahlte es sich doch aus, die Tiere mit ein wenig mehr Liebenswürdigkeit zu behandeln.

Die Situation war keineswegs immer nur idyllisch. Schließlich hatte ich mich zwar daran gewöhnt, achthundert Schafe auf einer Weidefläche in Schach zu halten. Aber mit ihnen gemeinsam durch Wald und Flur zu ziehen war noch etwas anderes. Ich fühlte mich also entsprechend angespannt und musste mich stark auf Tinker verlassen, wenn wir auf unseren Wanderungen Landstraßen kreuzten und hupende Autos an uns vorbeirauschten. Aber am Ende schafften wir es immer, ohne Verluste unsere Zielwiese zu erreichen. Mit einem Hund wie Senta hätte ich sicher meine liebe Mühe gehabt. Aber Tinker kreiste die Schafe vorbildlich ein, zwackte, statt zu beißen, und hielt ihre Herde wunderbar in Schach.

Im Großen und Ganzen und abgesehen von meiner noch

immer schmerzenden Hand gefiel mir die Arbeit. Wenn Zenkers cholerisches Temperament nicht gewesen wäre, vielleicht würde ich dann immer noch durch die Pfälzer Wälder ziehen. Wer weiß.

Aber eines schönen Frühlingstages, es regnete in Strömen, war es so weit, dass unsere Wege sich trennten.

Vorher hatte ich allerdings noch Zenkers fünfzigsten Geburtstag kostenlos fotografiert und ihm die Abzüge fein säuberlich in ein Album geklebt. Diese Dienstleistung nahm er gern an. Der Abend selbst war auch wirklich lustig. Zenker zeigte sich in bester Laune, und in solcher Stimmung war er ein wirklich netter Kerl. Das Essen schmeckte ausgezeichnet, und mit Albert verstand ich mich ohnehin recht gut.

Schließlich war es dann ausgerechnet Albert, der meine Kündigung ungewollt verschuldete. Bei einem gemeinsamen Ausflug mit Zenker junior, Tinker und den Schafen in die Wildnis des Pfälzer Waldes versperrte uns ein Bachlauf den Weg. Wir mussten die Tiere irgendwie dazu bringen, das Flüsschen zu überqueren, um zu der saftigen Wiese zu gelangen, die uns von gegenüber entgegenblühte. Die Angelegenheit war allerdings nicht unproblematisch. Schafe sind nun einmal keine Wasserratten. Ganz im Gegenteil. Aber langsam, Schritt für Schritt, schafften Tinker und wir es, die Tiere hinüberzulocken.

Genau in dem Moment, in dem Zenker plötzlich zwischen den Eichen auftauchte, staute sich die kleine Karawane. Eines der vorderen Schafe war auf einem glatten Stein ausgerutscht. Kaum sah Zenker, dass es nicht weiter voranging, begann er zu schreien. Er brüllte seinen Sohn an, er brüllte Tinker an, die Schafe und mich.

»Pass doch auf! Es darf kein Abstand zwischen den Schafen sein. Sieh zu, dass die ganze, und ich mein auch: die GANZE Herde rüberkommt!«

Von dem Gejaule und Geschrei wurde erst einmal der Hund hektisch und eingeschüchtert, wie so oft, wenn Zenker in der Nähe war. Er kam aus dem Konzept, sprang unkontrolliert hin und her und überließ die Schafe sich selbst. Das Durcheinander führte dazu, dass auch die Schafe aus dem Konzept kamen. Zenker hatte wieder einmal mit seiner Hektik die Situation nur verschlimmert. Ohne ihn wären wir längst drüben gewesen.

Zenker trat nach dem Hund und beschimpfte seinen Sohn in einer Art und Weise, die für mich als familienfremder Zeuge kaum erträglich war. Ich sprach ein paar deutliche Worte zu Alberts Verteidigung und wurde gefeuert. Das war alles. So schnell ging das bei einem einfachen Arbeiter. Noch dazu in der Probezeit.

»Ich muss mir von meinem eigenen Angestellten nicht bieten lassen, bei meinen Erziehungsmethoden gegenüber meinem Sohn gemaßregelt zu werden!« So lautete Zenkers Begründung, die er ja offiziell nicht einmal brauchte.

Eine Woche blieb ich noch, dann war der nächste Rundum-die-Uhr-Schafswirt gefunden, der Zenker den geforderten Gehorsam entgegenbrachte, keine Sonderwünsche nach freien Sonntagen hatte und keine Verteidigungsambitionen angesichts ungerechter Strafpredigten. Der Mann war Ende fünfzig. Seine Frau hatte ihn verlassen, und er war froh, familiäre Ansprache zu finden.

Da stand ich nun wieder auf der Straße. Ich hatte die Hoffnung aufgegeben, in Deutschland etwas Passendes zu finden. Aber – es war noch Zeit, nach einer Alpstelle zu suchen. Ich verfluchte ein weiteres Mal den hungrigen Wolf, der meine Chance auf einen zweiten Aufenthalt im Turtmanntal zunichtegemacht hatte. Wie einfach wäre dann alles gewesen.

Bevor ich Antwort auf mein eigenes Stellengesuch auf zalp.ch erhielt, das ich gleich nach der Kündigung aufgegeben hatte, entdeckte ich eine neue Schäferstelle in Deutschland, die nichts mit den Profiteuren kostenloser Probearbeit gemein zu haben schien. Ein Naturschutzverband in der Lüneburger Heide suchte einen Vollzeitschäfer, der zu fairen Konditionen die Heidschnucken beaufsichtigte.

Ein Dienstwohnhaus stand dem Schäfer zur freien Verfügung. Ein ganzes Haus in der Heide! Eine feste, geregelte Arbeit und dazu noch die Möglichkeit, meine Freundin und meine Tochter mitzunehmen. Ideal!

Ich griff sofort zum Telefon, um meine Bewerbung anzukündigen. Nicht dass mir ein anderer Schäfer diesen Traumjob vor der Nase wegschnappte. Leider war der Traum mit diesem Telefonat schon ausgeträumt. Der Naturschutzbund Lüneburger Heide legte Wert auf eine langjährige Erfahrung als Hüteschäfer. Dreieinhalb Monate Alp und drei Monate Pfalz reichten da nicht aus.

Die Schweizer waren zum Glück weniger anspruchsvoll und gleich drei Herren antworteten mir auf meine Annonce. Es war schwer, aus der Ferne zu beurteilen, welches Angebot das geeignete für mich sein könnte. Das Geld und die Lage im Tessin gaben schließlich den Ausschlag. Etwa sechstausend Euro in hundert Tagen unter fast-italienischer Sonne zu verdienen klang verheißungsvoll. Endlich würde ich wieder mein eigener Herr sein und »meine« Tiere behandeln können, wie ich es für richtig hielt.

Ja, und dann habe ich Renzo geantwortet, und alles ging ganz schnell. Ihm hatte ein Hirte noch vor Arbeitsantritt abgesagt, und er brauchte dringend Ersatz. Also habe ich meine sieben und mehr Sachen gepackt, schweren Herzens wieder einmal meiner Familie Lebewohl gesagt und bin ins Tessin gereist. Für mich ein Glücksfall.

Ich wische die Erinnerung an Zenker und die alten Geschichten weg. Genug davon. Die Sonne steht schon schräg am Himmel, und es wird Zeit für den Abstieg vom Plattenberg. Da der Weideplatz auf dem Weg liegt, schaue ich noch einmal bei meinen Schafen vorbei.

Alles ist ruhig. Ich habe noch etwas Salz gefüttert und den trächtigen Schafen Mut zugesprochen. Während die Merinoschafe nur einmal im Jahr Junge bekommen können, gebären die Bergschafe asaisonal. Das heißt, sie können durchaus zweimal im Jahr ihre Jungen zur Welt bringen. Sofern sie gedeckt sind, selbstverständlich. Die Tragezeit bei Schafen dauert fünf Monate.

Auf der Alp sind eine ganze Reihe von Lämmern unterwegs, die teilweise nach der Hälfte der Zeit hinunter ins Tal geschafft werden. Lammfleisch ist leider in vielen Ländern eine Delikatesse, nicht nur bei uns zu Ostern. Ich selbst esse nur noch im Notfall Lammfleisch, meine Freundin erträgt es gar nicht mehr, und Janika hat es noch nie versucht.

Jetzt ist es höchste Zeit, Don und Senta zu erlösen, die den ganzen Tag im Haus geblieben sind. So eine Ruhephase tut Senta manchmal ganz gut. Sie muss lernen, ihr übereifriges Gemüt zu mäßigen. Trotzdem ist sie natürlich todtraurig ohne mich. Nächstes Mal kommt ihr wieder mit, verspreche ich den beiden.

VATERFREUDEN UND -PFLICHTEN

Elfter Juli: Ein paar durchwachsene Tage mit durchwachsenem Wetter sind vorüber. Die Sonne hat mich immer wieder im Stich gelassen und dem Regen erstaunlich viel Spielraum gewährt. Unnötig viel, finde ich. Und dann ist noch etwas Sonniges mit Schattenseiten passiert: Ich bin wieder Vater geworden. Nein, kein Geschwisterchen für Janika. Kein menschliches zumindest. Sondern ein wolliges schwarzes Bergschafbaby, das von mir abhängig ist. Leider nur eines.

Als ich vorgestern Morgen auf das vertraute Glockenbimmeln hin aus dem Fenster schaute, sah ich eine Miniherde von fünf Schafen vor der Tür weiden. Nicht direkt vor der Tür. Das würden Don und Senta natürlich niemals dulden. Aber hinter dem Zaun, der um meine Terrasse herum aufgebaut ist, um die Schafe ein wenig auf Abstand zu halten, bimmelten die fünf vor sich hin.

Eines der Schafe lag auf dem Boden. Drei dunkle Wollknäuel um sich herum, die sich an ihre Mama schmiegten. Sie musste sie in der Nacht geboren haben. Ich wäre sofort begeistert mit dem Handy den kleinen Hügel hinaufgestürmt, wo der Empfang besser ist als in meiner Hütte, und hätte Frau und Tochter von der »Fast-Hausgeburt« vorgeschwärmt, wenn mir die Lämmchen nicht seltsam unbeweglich vorgekommen wären.

Ich lief darum erst einmal durchs Gatter hin zu den Schafen und bückte mich hinunter zu der ebenfalls recht schwachen Mama. Etwas stimmte nicht. Ihr Euter war klein und anscheinend kaum gefüllt. Für Drillinge würde die Milch niemals reichen. Ich zog an den Zitzen, um zu prüfen, ob ich etwas herausdrücken konnte. Die Milch floss äußerst spärlich. Nicht einmal so viel Flüssigkeit wie bei Müttern von Einzelkindern.

Ich schaute mir die Kleinen an und erschrak. Die Milch hatte schon für die erste Nacht nicht ausgereicht. Das Lämmchen, das der Mutter am nächsten lag, war kalt und starr. Die anderen beiden waren aufgestanden, sicher aus Angst vor dem fremden großen Wesen auf zwei Beinen, und wackelten ein Stück von mir weg. Sie schienen ganz in Ordnung zu sein. Zur Sicherheit lief ich ins Haus zurück und rührte eine Biestmilch in der mitgebrachten Babymilchflasche an. Eines der Lämmer hielt sich nicht lange auf den Beinen. Sie konnten sein Gewicht nicht tragen. Ich kniete vor dem Kleinen nieder und steckte ihm den Sauger in den Mund. Nichts passierte.

»Trink doch! Trink! Sonst endest du auch wie deine Schwester.«

Die Mama schaute mit großen hilflosen Augen zu. Es ist wie bei den Menschenbabys. Manche wissen sofort, wie man an dem Sauger zieht, andere haben damit die größte Mühe. Vielleicht war es schon zu schwach. Doch! Hatte es nicht gerade gesaugt? Ich ließ die Flasche noch eine Weile im Maul, in der Hoffnung, es werde noch etwas zu sich nehmen. Mehr konnte ich für das Kleine im Moment nicht tun. Das Euter der Mutter schmierte ich mit einer Salbe ein, die mir unser Tierarzt zur Sicherheit mitgegeben hatte. Nur für alle Fälle.

Als Nächstes rief ich Renzo an, der Riccarda ans Telefon holte. Auf Deutsch, was in der Aufregung gar nicht anders möglich war, bat ich sie um einen Sack Lämmermilch. Ich erzählte ihr von den Drillingen und dass ich befürchtete, nach dem einen auch noch die anderen beiden zu verlieren. Riccarda war kein Zenker. Sie erkannte schnell den Ernst der Lage, rief Renzo etwas auf Italienisch zu und versicherte mir, dass der nächste Heli, der Scaradra anflog, einen Sack Lämmermilch mitbringen werde.

Ich ging zurück zu den Schafen und baute mit den Flexinets einen kleinen Pferch, etwa einen Meter fünfzig im Quadrat. Dorthinein führte ich die Mutter mit ihren zwei Lämmern. Sie mussten von den anderen Ausreißern abgetrennt werden. In der Abgeschiedenheit und auf dem engen Raum sollten die beiden Kleinen in Ruhe an den Zitzen der Mutter ziehen können und sich außerdem an mich gewöhnen. Die anderen Schafe ließ ich von Don in Richtung Schafsweide treiben.

Dann trug ich das tote Lamm, das hart war wie ein Brett, hinter das Haus. Ich holte eine Schaufel und grub ihm ein Loch. Ich konnte es ja kaum so tot zwischen all den lebenden Schafen herumliegen lassen. Schließlich sollten sich die anderen kein Beispiel an ihm nehmen. Auch zu Hause hatten wir schon einmal ein Lämmchen begraben. Meine Tochter hatte einen Stein mit einem Blümchen bemalt und ihn als Grabstein aufgestellt. In Erinnerung daran nahm ich etwas Moos und ein paar, leider unbemalte, Steine, um das Grab zu markieren.

Den beiden lebenden Lämmern gab ich alle zwei Stunden die Flasche. Während aber das eine problemlos daran saugte, hatte ich bei dem zweiten das Gefühl, dass es kaum etwas zu sich nahm. Was ich auch anstellte, es saugte nicht richtig. Weder bei mir noch bei seiner Mutter. Ohne Nahrung würde es schwächer und schwächer werden. Genau wie sein Geschwisterchen. Ich blieb bei ihm sitzen und mühte mich, fast schon mit Gewalt, ihm die Biestmilch einzuflößen.

Irgendwann legte ich mich ins Bett, um ein paar Stunden zu schlafen. Vielleicht schaffte das Kleine es ja, bei der Mama zu trinken, redete ich mir ein. Aber eigentlich wusste ich, was mich erwarten würde, wenn ich zum Pferch zurückkehrte.

Am Morgen lebte es sogar noch. Als ich kam, öffnete es die Augen. Ich versuchte es noch einmal mit der Milchflasche, aber es trank nicht. Zwei Stunden später war das kleine schwarze Lamm tot, und ich trug es zu seinem Geschwisterchen, legte das zweite Lämmchen zum ersten ins Grab und bedeckte die Erde wieder mit dem Moos und den Steinen.

Nachdem ich schon zwei verloren hatte, war ich nun fest entschlossen, das dritte Lamm durchzubringen. Es war eindeutig am stärksten, und die Chancen standen gut. Immer wenn ich nach ihm sah, versuchte es, Milch aus dem Euter der Mutter zu ziehen, und schlug dabei wütend mit dem Schwanz. Es gelang wohl nur spärlich, wenn ich die Mährufe des kleinen Rabauken richtig interpretierte. Also gab ich ihm fürsorglich alle zwei Stunden eine Flasche mit der Biestmilch. Im Gegensatz zu seinen beiden Geschwistern saugte das Kleine, das ich Gretel taufte, so heftig daran, dass die Flasche fast mit einem Zug leer war. Mit jeder ausgetrunkenen Flasche schwand die Angst, es zu verlieren, obwohl meine Erfahrungen bei Zenker mich gelehrt hatten, dass auch scheinbar kräftige Lämmer plötzlich und ohne erkennbaren Grund sterben konnten.

Da die Biestmilch nur während der ersten zwei, drei Tage nötig ist und ich außerdem über der Babypflege die erwachsenen Schafe nicht vergessen darf, mache ich mich heute wieder auf den Weg nach Scaradra. Der Helikopter hat tatsächlich das gewünschte Milchpulver abgeworfen, und die Schafe sind auch brav auf ihrer Weidefläche geblieben. Auf der Alp bin ich doch immer wieder erstaunt, wenn alles nach Plan läuft. Selbst das Wetter folgt seinem Plan der Unbeständigkeit und braut in regelmäßigen Abständen düstere Wolken im Himmel auf, ohne dass sie sich aber in Regenströmen entladen.

Ein Problem habe ich allerdings. Wie soll ich den schweren Sack Lämmermilch zu meiner Hütte schleppen? Bin ich Herkules? Oder etwa Popeye? Nichts von alledem. Nur ein einfacher Schäfer mit geschundenem Rücken. Im letzten Jahr hatte der Abstieg mit prall gefülltem Seesack, kombiniert mit ausgiebigem Herumtragen meiner Tochter auf den Schultern daheim in Deutschland, dazu geführt, dass sich der Abstand zwischen zwei Nackenwirbeln von sieben auf zwei Millimeter verkürzte. Die Folge waren monatelange Schmerzen. Als ich mich irgendwann aufraffte, einen Arzt zu besuchen, wurden die Beschwerden auch nicht besser. Die Diagnose war schnell erstellt, aber die Heilung schleppte sich hin. Nach mindestens zehn Sitzungen schaffte es ein Physiotherapeut mit einer Art »Zeitlupentherapie«, meine Muskeln derart zu verkrampfen, dass ich mich kaum noch bewegen konnte. Erst einer fähigen Osteopathin gelang es nach nur vier Sitzungen, meine Wirbel auseinanderzustrecken und die Schmerzen weitgehend zu beseitigen.

Trotzdem muss ich mich vorsehen und darf den Nacken nicht mehr in dem Maße belasten, wie ich es von früher gewohnt bin. Man kennt das ja von Bandscheibenvorfällen. Übrigens hätte ich mir oft gewünscht, es sei ein solcher gewesen, dann hätte ich meine Lädiertheit leichter beschreiben können. Nach der zehnten umständlichen Erklärung in Sachen Halswirbelverengung, der verständnislose Blicke folgten, ging ich tatsächlich dazu über, von einem Bandscheibenvorfall zu sprechen.

Die Reaktionen waren sofort ganz andere. »Aha, verstehe. Ganz übel. Kenne ich von meinem Vater.« Oder: »Oh je, hatte ich auch mal, hat mich Jahre meines Lebens gekostet. Mein tiefstes Bedauern.« Tiefstes Bedauern war gut. Tiefstes Bedauern war angemessen.

Aber auch die Tatsache, dass meine Bandscheiben eigentlich ganz in Ordnung sind, hilft mir in dieser Situation hier oben nicht weiter. Fakt ist, zwanzig Kilo kann ich nicht den weiten Weg von Scaradra zurück nach Hause schleppen. Also fülle ich meinen Tagesrucksack mit Milchpulver, das ich dann daheim auf der Hütte in einen alten Sack einfüllen werde. Mit dem Rucksack, dessen Inhalt für die nächsten Tage sicherlich reichen wird, mache ich mich auf den Rückweg zu Gretel und ihrer Mama.

Senta und Don springen um mich herum und benehmen sich mal wieder recht passabel. Sie haben Gefallen gefunden an dem Schaf und ihrem Lämmchen. Es ist seltsam, wie friedlich die Hunde mit den neuen Mitbewohnern umgehen. Kein Vergleich zu ihrer Reaktion auf jede Gruppe fremder Schafe, die den Abstieg in unsere Richtung wagen.

Senta läuft gern zum Flexinet, auf das ich keinen Strom gelegt habe, um das Kleine zu schonen, und steckt ihre Nase vorsichtig durch die Maschen. Gretel, die in ihrem jungen Leben noch nie von einem Hund gejagt wurde, hat weitaus weniger Angst vor Senta als ihre Mutter. Sie läuft zum Zaun und schnuppert an Sentas Nase. Es sieht aus, als würden die zwei sich küssen.

Das erinnert mich daran, dass Tinker, die Hündin von Schäfer Zenker, in eines ihrer Schafe verliebt war. Die beiden haben ständig zusammen geturtelt, Zungenküsse ausgetauscht und sich abgeleckt. Wenn man bedenkt, dass Tinker eigentlich eine ziemlich fähige Hütehündin war, sofern man sie nicht eingeschüchtert hat, war es erstaunlich, dass dieses eine Schaf keinerlei Angst vor ihr hatte. Tja, wo die Liebe hinfällt … Ich bin gespannt, ob sich zwischen Senta und Gretel ähnliche Gefühle entwickeln.

Don ist da längst nicht so enthusiastisch. Er schnüffelt ein bisschen an den neuen Hofgenossen herum, ansonsten ignoriert er Mutter und Tochter weitgehend. Wer ihn nicht streicheln kann, ist für ihn uninteressant. Und schon wieder habe ich Dons Kopf unter meiner Hand. Du bist mir vielleicht ein Schmusetiger!

Was das Lämmchen betrifft, muss ich wissen, ob es von seiner Mama wenigstens etwas Milch bekommt. Wenn ja, erspart mir das ein mehrmaliges nächtliches Aufstehen, das mich an Janikas erste sechs Monate erinnert und nicht unbedingt nach Wiederholung schreit. Zum Glück ist wohl doch noch ein wenig Milch zu holen. Sonst würde Gretel nicht so viel am Euter ihrer Mutter hängen. Ich denke, es genügt also, wenn ich sie tagsüber regelmäßig füttere und ihr direkt vor dem Schlafengehen noch einen Schoppen reiche.

Nicht nur zum Zeitvertreib

Zwanzigster Juli: Heute ist Donnerstag. Waschtag. Das habe ich bei meinem ersten Aufenthalt auf der Alp so eingeführt und seither beibehalten. Ich habe reichlich Waschpulver eingekauft, schütte etwas davon in ein Waschbecken voll kochenden Wassers, in dem ich die schlammverschmutzten Armeehosen, Unterhemden, Unterhosen und T-Shirts einweiche, mit klarem Wasser auswasche, auswringe und später in die Sonne zum Trocknen aufhänge. Zumindest für den Fall, dass die Sonne einmal scheint. Aber ich habe natürlich ein Donnerstagsabo für Sonnenschein. Nein, stimmt nicht. Zur Not hänge ich die Sachen am Ofenrohr zum Trocknen auf. Geht noch schneller. Könnte dort allerdings leicht anbrennen.

Zu viel auf einmal darf ich natürlich nicht waschen. Zum einen ist das Waschbecken nicht eben groß, zum anderen habe ich sonst nicht genug Klamotten dabei. Und, ganz ehrlich, wer riecht hier schon, ob etwas schweißdurchtränkt ist. Gretel, Don und Senta stören sich nicht daran. Genauso wenig wie die übrigen Tiere.

Übrigens kann man sich auf der Alp auch mit anderen Dingen beschäftigen als mit Schafehüten und Krimilesen. Man hat durchaus Gelegenheit, musischen Hobbys nachzugehen. Ich beispielsweise habe ein Instrument mitgebracht, das ich eigentlich nur auf der Alp spielen kann. Zumindest als Anfänger. Es handelt sich um das Jagdhorn, das ich drei Wochen vor dem Alpauftrieb zu spielen begonnen habe. Das kam durch Harald, den ich von der Vorbereitung auf den Jagdschein her kenne. Wir trafen uns ab und zu zum Schießtraining, und irgendwann fragte er mich, ob ich nicht Lust hätte, seinem Jagdbläserensemble beizutreten. Hatte ich sogar.

Obwohl ich die Instrumentenspielerei vor über drei Jahrzehnten aus meinem Leben gestrichen hatte, als ich mir als Zehn- und Elfjähriger eine Gitarre zu Weihnachten, zum Geburtstag und wieder zu Weihnachten gewünscht hatte, die ich niemals geschenkt bekam. Dafür fand ich beim zweiten Mal Weihnachten, an dem ich auf eine Gitarre hoffte, eine Mandoline auf dem Gabentisch vor. Das sei doch fast eine Gitarre, erklärte mir meine Mutter und strahlte mich an. Für einen Elfjährigen, der Gitarre spielen möchte, hat eine Mandoline nichts, aber auch gar nichts mit einer Gitarre gemeinsam. Also ließ ich das Musizieren lieber ganz bleiben.

Jetzt fand ich die Idee, Jagdhorn zu spielen, reizvoll. Es war genügend Zeit vergangen, um über die damalige Enttäuschung hinwegzukommen, und so sagte ich zu. Das Ensemble traf sich wöchentlich zum Üben, und als Neuling hörte ich beim ersten Mal nur zu. Anschließend überreichte mir eines der Orchestermitglieder ein Leih-Jagdhorn, das ich mit nach Hause nehmen durfte. Harald erklärte mir, dass das Jagdhorn eigentlich Fürst-Pless-Horn heißt nach einem gewissen Fürst von Pless, offenbar ein besonders leidenschaftlicher Bläser.

Mein Kumpel zeigte mir auch, wie ich hineinzublasen hatte. Er machte bestimmte Tonfolgen auf dem Jagdhorn vor und erzählte, dass in früheren Zeiten die Hörner dazu dienten, den Mitjägern Informationen zu vermitteln. Es handelt sich also im eigentlichen Sinn gar nicht um »Musikstücke«, sondern um Signale, und wenn es nicht um Musikstücke geht, muss man wohl auch nicht musikalisch sein, um Jagdhorn zu spielen.

Unter den Signalen gibt es so etwas wie den Hegeruf, den Notruf, den Aufbruchzurjagdruf, den Lauttreibenruf und den Stummtreibenruf und natürlich den Hahninruhruf, der mir besonders gefällt.

Nachdem ich theoretisch wusste, wie man einen Ton aus dem Horn zaubert, nur irgendeinen, probierte ich es selbst. Ich kann nur sagen, das ist harte Arbeit! Aber – nach ein paar Versuchen kam tatsächlich ein Laut aus meinem Horn. Kein unbedingt wohlklingender. Kein Hegeruf oder Lauttreibenruf. Aber doch ein Laut. Harald bescheinigte mir eine außerordentliche Hornspielbegabung. Und als ich nach wenigen Tagen bereits zwei, wenn auch recht schiefe, Töne spielen konnte, war ich richtig stolz.

Aber Begabung hin oder her, wo sollte ich Jagdhorn spielen üben, ohne das Gehör meiner Mitmenschen zu ruinieren?

Dann kam mir die Lösung: Auf der Alp natürlich! Gab es einen besseren Ort? Also packte ich das geliehene Horn in eine der grünen Vorratskisten, und nun setze ich mich ab und zu, nicht täglich, sondern eher sporadisch, vors Haus und blase in den Sonnenuntergang hinein. Es macht Spaß. Vor allem macht es Spaß, sich keine Sorgen darüber zu machen, wer einen hören und sich später über falsche Töne beklagen könnte.

Gretels Ohren muss ich natürlich etwas schützen. Ihr Gehör ist schließlich noch nicht ganz ausgereift. Aber mein Übungsplatz befindet sich auf der anderen Seite des Hauses in sicherer Entfernung zu ihrer kleinen Weide.

Trotz der optimalen Trainingssituation ist das Ergebnis allerdings weitaus weniger optimal. Die zwei Töne, die ich schon in Deutschland zu spielen gelernt hatte, haben mich auch in die Schweiz begleitet. Ich kann sie dem Horn entlocken, wann immer ich will. Aber mehr auch nicht. Zwei Töne. Für eine ganze Tonfolge ist mein Mund oder mein Atem oder was auch sonst nicht zu gebrauchen. Es ist zum Verzweifeln.

Ich gebe aber nicht auf und sitze auch heute wieder auf meinem Stuhl und blase mit voller Kraft ins Mundstück hinein. Gerade bin ich mir wirklich nicht sicher, ob da nicht ein dritter Ton hinter dem zweiten hervorgehuscht ist. Dann hätte sich das Üben in Einsamkeit doch gelohnt.

Ungeachtet allen Jagdhorngetöns: Gretelchen wächst und gedeiht. Sie ist so gierig auf die Babymilch, dass sie mich täglich um halb sechs Uhr morgens lautstark zum Frühstück ruft. Zu ihrem Frühstück, versteht sich. Wenn ich dann mit der gefüllten Milchflasche ankomme, geht sie nicht, wie ihre Mama und deren Kolleginnen, bei meinem Anblick ein paar Schritte rückwärts, sondern düst mit vollem Tempo auf mich zu. Sollte ich mich nicht sofort zu ihr herunterbücken, wird sicherheitshalber schon einmal an meiner Hose und meinen Ärmeln geknabbert.

Heute reicht Gretel die eine Flasche nicht mehr. Nachdem sie sie fast in einem Zug leergesaugt hat, wird munter weiter gemäht, was ihre Schafsmama dazu bringt, sie ein paar Mal anzustupsen. Mir bleibt nichts anderes übrig, als eine zweite Flasche zu richten.

Wie Mama die menschliche Konkurrenz beurteilt, kann ich gar nicht genau sagen. Feindselig verhält sie sich mir gegenüber jedenfalls nicht. Vielleicht ist sie sogar dankbar für die Hilfe.

Könnte ich nur in die Tiere hineinsehen! Ich frage mich zum Beispiel, ob sie wohl um ihre beiden toten Lämmer trauert. Man merkt es ihr nicht an. Aber wie auch?

Ich habe einmal gelesen, dass amerikanische Forscher jahrelang eine Herde Paviane in der Kälte und Schimpansen in der Wärme beobachteten, um genau dieser Frage nachzugehen: Können Tiere trauern? Die Wissenschaftler stellten doch tatsächlich fest, dass der Totenkult unter anderem von den herrschenden Temperaturen abhängt.

Während die Schimpansen im warmen, trockenen Klima ihre toten Kinder Tage und Wochen bei sich tragen, bis die Hitze die Körper in Mumien verwandelt hat, dauert der Abschied der Pavianmütter in den kalten Hochgebirgen, mit denen ich mich übrigens gerade besser identifizieren kann, nur wenige Stunden. Die Intensität der Trauer sei bei beiden gleich. Nur die Dauer hänge eben von der Temperatur ab. Trost fänden die Tiere aber in der Kälte wie in der Wärme genau wie wir bei Verwandten und Freunden.

In Kenia hat man Elefanten beobachtet, die täglich zwischen ihrem Futterplatz und dem Grab einer toten Elefantenkuh hin- und hergewandert sind. Außerdem sollen Elefanten die Stoßzähne ihrer toten Lebensgefährten wochenlang bei sich behalten. Irgendein Verhaltensbiologe hat außerdem gesagt, dass Tiere, die um ihre Toten trauern, den Lebenden gegenüber besonders fürsorglich seien. Diesem Herrn zufolge ist es ein Irrtum, dass die Natur ein egoistischer Kampf ums Leben sei. Die meisten Säugetiere würden nicht dadurch überleben, dass sie einander im Kampf ausstechen, sondern dadurch, dass sie gemeinsam kämpfen. Ich finde, das ist eine schöne Erkenntnis.

Von Trauerritualen bei Schafen habe ich noch nichts bemerkt. Das Mutterschaf sieht genauso aus wie vor einer Woche und ist noch nicht einmal zum Grab der beiden Kleinen marschiert. Hätte sie wirklich das Bedürfnis, würde sie wohl kaum ein Zaun daran hindern.

Über all den Gedanken an die Psychologie der Tiere und dem Mischen einer neuen Flasche Babymilch habe ich Gretel ganz aus den Augen verloren. Sie ruft gar nicht mehr. Was ist passiert? Ich halte gerade den Zaun in der Hand und will ihn hinter mir wieder schließen, da sehe ich, dass Gretel den Pferch verlassen haben muss. Sie ist nicht mehr bei ihrer Mutter. Gretel ist verschwunden! Weit kann sie nicht gekommen sein auf ihren wackeligen kurzen Beinen. Ich schaue mich um. Nichts. Da höre ich es wieder blöken. Dieses Mal etwas kläglicher, aber darum nicht weniger fordernd. Es kommt aus der Hütte!

Ich laufe hinein, und wer steht da mitten im Raum und schnuppert an Senta? Das Gretelchen! So ein kleiner Frechdachs! Sie muss an mir vorbei ins Schlafzimmer geflutscht sein. Ich lobe Senta, die sich wirklich anständig benimmt, beuge mich hinunter zu meinem Lämmchen und streichle es so lange, dass Don, der von draußen hereingestürmt kommt, tatsächlich eifersüchtig wird. Er fängt an, ein bisschen herumzuzicken und zu zwicken und mir bleibt nichts übrig, als Gretel wieder nach draußen zu ihrer tierischen Mama zu begleiten. Milch bekommt sie keine mehr. Ein bisschen Strenge muss sein.

Ein Schritt ins Leere

Dreiundzwanzigster Juli: Zu meinen Mutterschafspflichten gesellen sich nun wieder die üblichen Vaterpflichten. Die Arbeit wartet. Ich muss die Zäune neu stecken, denn der Umzug der Schafe nach Scaradra steht bevor. Der endgültige Umzug in ihr nächstes Zuhause kommt zwar erst später, aber die Schafe dürfen sich schon ein wenig in Richtung neuer Weide bewegen und schon etwas von dem frischen, unberührten Gras kosten.

Die Hunde werde ich heute wieder mitnehmen. Don kann die Schafe in Schach halten, während ich die Zäune öffne, und Senta, na ja, Senta kann von ihm lernen. Sie werde ich wohl an der Leine halten müssen. Wir wollen ja kein Risiko eingehen. Bleibt also nur zu hoffen, dass Don seiner Vorbildfunktion gerecht wird und Senta das Richtige von ihm lernt.

Zunächst läuft alles nach Plan. Bis wir ein ganzes Stück hinter Scaradra auf ein paar ausgebüxte Schafe treffen. Den Ausreißern jage ich Don hinterher, der sich aber heute zur Abwechslung wieder einmal wenig aus meinen Befehlen macht. Er bellt und tobt und treibt die kleine Herde auseinander und tut damit genau das, was er nicht tun sollte.

Es hilft nichts, ich muss den Berg hinauf, die versprengten Schafe einsammeln und wieder auf Kurs bringen. Wenn man nicht alles selbst macht! Und da ich nun einmal Senta an der Leine habe, muss ich wohl oder übel den Berg mit Senta gemeinsam hinauf.

Senta ist natürlich höchst motiviert, die versprengten Schafe einzufangen. Wie immer ist sie zu motiviert. Ich kann sie gerade noch in Zaum halten. Der Berg ist steil. Steil und steinig. Als Senta sieht, dass Don die Schafe nicht in den Griff bekommt, rast sie völlig unerwartet und unvermittelt los, um die Sache selbst zu Ende zu bringen.

Ihr Sprint beginnt so ruckartig, dass sie beim Losrasen mein Bein streift und mich leicht ins Wanken bringt. Ich kann mich gerade noch fangen, stolpere hinter ihr her und habe Mühe, sicher über das Geröll zu gelangen bis zu einem kleinen Felsvorsprung, der mich vor dem Abgrund schützt. Diese Wege sind verdammt gefährlich. Ich halte kurz an und atme tief durch, in der Hoffnung, schnell meine Kräfte zurückzuerlangen. Rechts neben mir fällt der Hang hundertfünfzig Meter ziemlich steil ab. Ich will weitergehen, blicke aber für einen Moment nicht auf den Weg, sondern auf Senta, die vor mir die Schafe zusammentreibt. Der Moment ist lang genug für einen falschen Schritt. Ein Schritt ins Leere. Ich verliere den Halt und stürze. Meine Füße rutschen über den steinigen Abhang. Die Hände versuchen zu packen, was da zu packen ist, aber nichts hält mich. Ich falle von weichen Grasbüscheln auf harte Steine und von harten Steinen auf kantige Felsen. Momente, in denen ich nichts fühle außer Panik. Todesangst. Die Schmerzen kommen erst später.

Unzählbare Sekunden oder eine gefühlte Ewigkeit später kann ich mich an Strauchwerk festhalten, und Senta steht bellend über mir, mein Denken setzt wieder ein. Senta ist mir anscheinend gefolgt, wie auch immer sie das geschafft hat. Ich will sie anschreien, sie beschimpfen und ihr meine ganze Wut entgegenschleudern. Einen Schuldigen braucht man ja schließlich. Aber aus meinem Mund kommt nur Staub. Bestimmt zwanzig Meter bin ich in die Tiefe gerutscht. Aber ich hatte Glück. Der fast senkrechte Abhang beginnt erst einige Meter unter mir.

Jetzt heißt es, wieder hinaufklettern. Ganz langsam. Von Busch zu Busch ziehe ich mich hoch, rutsche zwischendurch etwas zurück, finde neuen Halt und arbeite mich Stück für Stück voran. Ich sehe schon den Weg über mir, auf dem Senta und Don mich hechelnd erwarten. Noch der letzte steile und leider auch buschlose Abschnitt. Glatte Geröllfläche ohne Möglichkeit, mich festzuhalten. Ich verliere Boden. Da bekomme ich Sentas Halsband zu fassen und halte mich an ihr fest, bis wir wieder oben sind, zurück auf dem Weg. Geschafft!

Jetzt, wo ich einigermaßen in Sicherheit bin und von zwei Hunden freudig abgeschleckt werde, mache ich Bestandsaufnahme. Meine Beine sind noch angewachsen und benutzbar. Ich kann auf ihnen stehen. Die Arme lassen sich bewegen. Der Kopf steckt weiterhin auf dem Rumpf. Allzu schlimm kann der Sturz also nicht gewesen sein. Ich ziehe die Hosenbeine hoch und kann einige kommende blaue Flecken erfühlen und einige blutige Schrammen erkennen. Mein Kopf tut weh, und als ich ihn anfasse, bleibt Blut an meinen Fingern kleben. Nur eine Schürfwunde. Nichts weiter. Kein Grund zur Klage.

Das Einzige, das dauerhaft zerstört wurde, ist meine Uhr. An meinem Ärmel hängt ein silberner Metallstift. Trauriges Überbleibsel meines Zeitmessers, den ich seit Jahren besitze und schon mehrmals reparieren lassen musste. Wer hätte gedacht, dass ich ihn eines Tages beim Sturz auf einer Alp mit dem Namen Garzott verlieren würde. Aber es hätte schlimmer kommen können. Ich hätte weiß Gott anderes verlieren können und was dann von mir übrig geblieben wäre, habe ich letztes Jahr an ähnlicher Stelle gesehen, wo ein Schaf abgestürzt war: ein paar abgenagte Knochen.

Da es sinnlos ist, auf den nächsten Helikopter zu warten, sammle ich meine restlichen Kräfte und nehme den Rückweg in Angriff. Senta hat ihren Fehler wohl eingesehen und trottet kleinlaut neben mir her.

Seltsam, wie schnell ich aus dieser Welt verschwinden könnte. Niemand würde es merken. Außer Don und Senta und dem Baby Gretel, die sich ziemlich schnell über ihr fehlendes Futter beklagen würden. Und sonst? Ich würde die Anrufe meiner Freundin nicht beantworten. Aber was bedeutet das schon in den Bergen, wo man ohnehin nur alle paar hundert Meter Empfang hat. Automatisch zücke ich mein Handy, das glücklicherweise ein stoßsicheres Outdoorhandy ist und kein empfindliches Smartphone mit Schweizer Bergsteiger-Apps und sonst was. Es hat den Absturz überstanden, ist aber ohne Empfang. Na bitte: Ich bin ganz und gar auf mich allein gestellt. Ein sonderbares Gefühl in unserer dichtbevölkerten Welt.

Hier oben gibt es niemanden, der täglich überprüft, ob ich noch am Leben bin, es gibt niemanden, der mich pflegt, wenn ich krank bin, der mich verarztet, wenn ich verletzt bin, oder mir Mut zuspricht, wenn ich die Hoffnung verliere. Nicht einmal die Kuhmädels aus dem Turtmanntal. Dabei ist so ein Absturz von Mensch oder Tier, auch ohne wild gewordenen Hütehund, gar nicht so ungewöhnlich.

Alles ist in Ordnung, solange man noch laufen kann. Oder humpeln, wie in meinem Fall. Es geht langsam voran. Schritt für Schritt, Meter für Meter bergauf. Wie ausgezeichnet Senta doch bei Fuß gehen kann, wenn sie nur will. Don läuft vorneweg wie immer und dreht sich in regelmäßigen Abständen zu uns um, um zu sehen, ob wir noch da sind. Irgendwann bin ich wieder auf der Höhe des Trampelpfads, der hinüber nach Scaradra führt.

Egal, wie sehr meine Füße, meine Hände, meine Beine und mein Rücken auch schmerzen, ich muss die Zäune noch umstellen. Der Zeitplan muss eingehalten werden. In diesen Dingen bin ich wirklich pflichtbewusst. Außerdem ist nicht gesagt, dass es mir morgen besser gehen wird. Die blauen Flecken brauchen meist einen Tag, bis sie sich zu voller Blüte entwickeln, und der Muskelkater, der mich morgen mit Sicherheit überfällt, wird meine Beweglichkeit noch weiter einschränken.

Die Schafe, die Don und Senta nicht in die richtige Richtung treiben konnten, trotten brav vor uns her. Immerhin etwas. Es hätte gerade noch gefehlt, wenn mir bei der Aktion ein Schaf verloren gegangen wäre. Ich nehme mein Fernglas mit zehnfacher Vergrößerung, das den Sturz ebenfalls unbeschadet überstanden hat, und blicke in Richtung Schafsweide. Nicht, dass dort noch eine Überraschung auf mich wartet. Aber alles scheint ruhig. Die Schafe weiden ausnahmsweise auf der vorgesehenen Weidefläche, und ich kann in Ruhe mit Don als Abschreckung die Zäune versetzen. Senta sperre ich in Scaradra ein. Noch mehr Sonderaktionen von ihr kann ich heute wirklich nicht gebrauchen.

Ich denke, dass ich heute in Scaradra bleiben werde. Der

Weg zurück schreckt mich mehr als potenzielle unangenehme Mitbewohner.

Ich öffne die Tür und finde die Hütte leer vor. Aufatmen. Ausruhen. Ich zünde das Feuer im Ofen an, das die Hütte viel zu langsam erwärmt. In eine Decke verpackt, sitze ich auf der Bank. Nicht einmal den Krimi habe ich bei mir. Aber wenigstens ist das Handy wieder auf Empfang. Ich rufe meine Freundin an, einfach nur so, um ihre Stimme zu hören. Was passiert ist, erzähle ich ihr nicht. Solche Dinge erzähle ich nie, bevor sie nicht endgültig überstanden sind. Diese Charaktereigenschaft hat mir allerdings in meinem Leben schon manches Unverständnis eingetragen.

Janika kräht von hinten etwas von Zauberschule und Kräuterkunde. Sie bekommt gerade *Harry Potter* vorgelesen, wie mir meine Freundin erläutert, und es ist schön, zu hören, dass alles seinen normalen Gang geht.

Glückstreffer

Meine geschundenen Beine sind desinfiziert und zur Erholung auf die Bank hochgelegt. Das fühlt sich gut an. Jetzt merke ich erst, was für einen Bärenhunger ich habe. Im »Stahlschrank«, den es auch hier in Scaradra gibt, liegt ein Stück Salami, das ich mir aufschneide. Etwas Brot ist auch noch da. Langsam wird mir wohler, und ich fange an, mich darüber zu freuen, dass mir bei meinem Abenteuer nicht mehr passiert ist. So ist das eben in den Bergen. Das ist kein Sonntagsspaziergang, sondern harte und gefährliche Arbeit.

Ich bin mitten im Genießen der nachmittäglichen Ruhe, als die Tür sich öffnet und, was in Scaradra jederzeit passieren kann, ein Fremder die Hütte betritt. Er ist etwa in meinem Alter und trägt einen langen grauen Schnurrbart und einen braunen Cowboyhut mit breiter Krempe. Er begrüßt mich mit einem offenbar höchst erfreuten: »Grüß Gott!« Dann zieht er die schon etwas mitgenommen aussehenden Wanderstiefel aus und setzt sich auf die Bank, genau mir gegenüber.

»Schön hier, was?«, sagt oder fragt er und ich antworte: »Ja, sehr schön.«

Dann beginnt eine Unterhaltung, die zunächst genauso abläuft wie alle Unterhaltungen, die man hier oben auf der Alp führt. Woher kommst du? Was machst du hier? Nein, wirklich! Und das ganz allein! Drei Monate lang? Unvorstellbar! Ich mache eine Wanderung. Will mal bis an die Grenzen gehen. Mal schaun, wie weit ich komme.

Aber dieser Mensch ist anders. Irgendwie sind sie zwar alle anders, die hier mit mehr oder weniger zerschundenen Füßen in den Alpen herumkraxeln. Aber nicht alle sind so unterhaltsam anders.

Der Mann heißt Fred und kommt aus einem kleinen Dorf in Hessen. In seinem ersten Leben war er Schuhmacher, hat für viele Berühmte oder Möchtegernberühmte Schuhe gefertigt, war unterwegs in Italien, Frankreich, Spanien und Arabien. Er besaß eine eigene Werkstatt, die er schon von seinem Vater übernommen hat. Eine Koryphäe auf seinem Gebiet. Das allein ist schon spannend. Schuhmacher trifft man nicht alle Tage. Vielleicht Ingenieure oder Lehrer oder Mechaniker, aber einen Schuhmacher habe ich in meinem ganzen Leben noch nicht getroffen.

Aber das ist nicht alles. »Weißt du, nach und nach haben die Leute, sogar die Berühmten, aufgehört, sich ihre Schuhe selbst nähen zu lassen. Den einen wurd's zu teuer, den anderen zu mühsam. Ich hab mich noch eine Weile im Ausland durchgeschlagen. Aber irgendwann hab ich die Tür meiner Werkstatt schließen müssen. Rumms. Zu war sie. Für immer. Hart war das. Sehr hart. Herzblut hat drangehangen. Du glaubst es nicht.«

Doch, das glaube ich. Und wie ich das glaube.

Und dann erzählt er mir auch noch, er habe umgesattelt auf Landwirt. Mehr aus Spaß, weniger aus Not. Wie sympathisch! Auf einer Wiese, die schon seit Generationen im Besitz seiner Familie ist, hat er einen Stall gezimmert, in dem er nun, ja was wohl, Schafe hält. Eine kleine Bockherde mit vier Böcken, dazu eine Damenherde mit zwanzig Merinoschafen. Hin und wieder wird ein Bock dazugesperrt und kann an der Vergrößerung der Herde arbeiten.

Fred selbst hat drei Kinder. Die Jüngste ist schon alt genug, um die Schafe und eine Handvoll Hühner zu betreuen. Hühner hat er also auch!

Wir haben einiges zu bereden. Zwei Freizeitlandwirte plaudern über ihre Leidenschaft. Und Fred beneidet mich um mein Leben auf der Alp.

»So eine Auszeit, das wär was. Mensch, wie mir das gefallen könnte! Erzähl mal, wie du es geschafft hast, den Job zu ergattern. Und wie bist du drauf gekommen, ausgerechnet Bergschafe zu holen? Bei uns gab's rundherum nur Merinos.«

Fragen über Fragen. Ich erzähle, wie wir an unsere Schafe gekommen sind, warum es Bergschafe sind, wie sie sich vermehrt haben und dass wir sie direkt bei uns am Haus halten können. Fred ist ziemlich angetan von meinem Bericht und fragt mich, ob er nicht ein Lämmchen von uns haben könnte, wenn es mal wieder Lämmer gebe. Im Moment nicht, muss ich ihn enttäuschen. Ohne Bock keine Lämmer. Wir haben den Bock verliehen an eine Einrichtung für psychisch kranke Kinder, die eine eigene Schafsherde hält. Aber wir könnten ihn theoretisch jederzeit zurückholen für ein paar vergnügliche Stunden mit den vier Schafen. Fred ist erst einmal beruhigt. Zu gern würde er seine Merinos mit einem Bergschaf kreuzen. Er hat seine Schafe einem Wanderschäfer abgekauft, der aus gesundheitlichen Gründen in Rente ging. Einfach so hat er sie gekauft. Weil er Tiere liebt und eine Wiese hat, die sich für Schafe eignet.

Fred setzt seine Fragestunde fort. Ob ich irgendwelches Vorwissen für die Schafhaltung gebraucht habe, möchte er wissen. Ich erzähle ihm von den Kursen in einem Hofgut in der Pfalz. Da reagiert Fred recht skeptisch.

»Bin insgesamt kein Freund von Weiterbildungen, gleich welcher Art. Du musst schaffen, sonst lernst du nichts. Nur wenn du mit deinen zwei Händen was auf die Beine gestellt hast, weißt du, wie's geht.«

»Na ja, aber manche Dinge musst du lernen, ehe du sie anwendest. Du kannst auch nicht einfach ein Leder hernehmen und einen Schuh zurechtschneiden.« Das leuchtet ihm ein wenig ein. »Die Kurse auf dem Hofgut waren für mich eine gute Mischung aus Theorie und Praxis. Außerdem brauchst du den Nachweis der Sachkunde auch als Hobbyschafhalter. Das ist gesetzlich vorgeschrieben, aber wahrscheinlich den wenigsten bekannt.«

Der Lehrgang dauert drei Tage und vermittelt die Grundlagen der tiergerechten Haltung. Man erfährt alles Wissenswerte über Gesundheit der Tiere, Fütterung, Zucht und Aufzucht von Schafen. Am Ende kommt die Prüfung, und als Belohnung gibt es ein Zertifikat, das man sich einrahmen und in den Schafstall hängen kann. Oder zu den Akten legen. Ich war jedenfalls stolz darauf und fühlte mich ein bisschen weniger als Laie und ein bisschen mehr als Profi.

Die Sache mit dem Schlachtkurs findet Fred regelrecht makaber. Aber da ich mit dem Gedanken gespielt habe, mich als Schäfer selbstständig zu machen, ist ein solches Wissen unerlässlich. Man lernt die gesetzliche Grundlage für das gewerbliche Schlachten, wofür übrigens auch ein Sachkundenachweis nötig ist. Man erfährt etwas über Betäubung und Tötung und muss oder darf ein Schaf selbst schlachten. Das

Fleisch von meinem »Opferlamm« liegt noch immer zu Hause im Tiefkühlfach.

Den Kurs »Fachgerechtes Zerlegen von Lammschlachtkörpern« erwähne ich gar nicht erst.

»Lammzeit richtig managen« ist dann schon mehr nach Freds Geschmack. Er muss ja nicht unbedingt wissen, dass in der Kursbeschreibung etwas stand wie: Der wirtschaftliche Erfolg der Schafhaltung hängt heute vor allem von der Produktion vitaler, frohwüchsiger und mastfähiger Lämmer ab. Der Kurs vermittelte vor allem die geeigneten Maßnahmen, die der Schafhalter ergreifen muss, um die Verluste vor oder direkt nach dem Ablammen zu minimieren.

Ich habe den Kurs nicht wegen irgendeines wirtschaftlichen Erfolges besucht, der mir in der ganzen Schäferei ohnehin nicht so recht plausibel erscheint, sondern einfach, um unseren Lämmern zur Hand gehen zu können, wenn sie eines Tages selbst Lämmer zur Welt bringen. Bei Zenker kam mir dieses Wissen ja auch sehr zugute.

Der Schafschurlehrgang begeistert Fred dann dermaßen, dass er in Erwägung zieht, seine Vorurteile gegenüber Weiterbildungen über Bord zu werfen und ihn ebenfalls zu besuchen.

»Weißt du«, erzählt er, »ich muss für meine Kleinen immer die Schafscherer kommen lassen. Lohnt sich gar nicht. Schon von der Anfahrt her. Bis jetzt hab ich's mir nicht zugetraut, selbst an meinen Babys herumzuschnippeln. Aber wenn du meinst, dass man da zum Profi werden kann, find ich das schon wuchtig.«

Die Gedanken an den Muskelkater, der mich nach meinen Schafschurtagen befallen hat, schmälert in meinen Augen die Wuchtigkeit des Ganzen, aber Fred ist Feuer und Flamme für die Idee.

Im Anschluss an unsere Fachsimpelei gibt es eine »rechte Brotzeit«, bei der wir uns gegenseitige künftige Besuche versprechen und Fred sogar beschließt, im nächsten Jahr einen Besuch auf meiner Alp einzuplanen. Dieses Jahr klappt es nicht. Ihm wurde die einsame Wandertour nur unter der Prämisse zugestanden, dass er rechtzeitig zum Familienurlaub an der Adria aus den Bergen heimkehrt.

Wir trinken noch ein Gläschen aus den mageren Restbeständen von Egons Geburtstagsfeier, und Fred erzählt mir von den Strapazen, die sein Hahn Oskar als Neuankömmling zwischen lauter älteren Hennen durchmachte.

»Stell dir vor, die haben den Oskar gepiesackt, bis ich so weit war, ihn seinem Besitzer zurückzugeben. Aber just an dem Tag haben die Hühner angefangen, sich mit Oskar als ihrem Beschützer anzufreunden. Jetzt ist Oskar der Größte, und alle Hennen haben Respekt vor ihm. Er passt auch wirklich gut auf seine Mädels auf, stellt sich vor sie und kräht jeden, der sich nähert, in die Flucht.«

Ich erzähle von unserem Caruso, der weniger Heldenpotenzial hat, aber dafür ganz den Gentleman gibt und seinen Damen beim Fressen den Vortritt lässt. Wie man halt so redet unter Männern mit Hühnern.

Die Nacht ist kurz, weil wir ja nicht nur Schafe und Hühner gemeinsam haben. Kinder, Hunde, Frauen, Ölheizungen und Pleiten stehen auch noch zur Debatte. Am Morgen haben sowohl Fred als auch ich es eilig. Bei mir rufen die Schafe, bei ihm die Familie. Er beneidet mich, ich beneide ihn. Zum Abschied umarmen wir uns fest, wie man sich umarmen kann, wenn man eine Nacht auf der Alp miteinander verbracht hat, und gehen unserer Wege.

Gretels Ende?

Die nette Begegnung hat mich meine Blessuren von gestern vergessen lassen. Jetzt mache ich mich humpelnd an die Arbeit auf den nächsten Hügel und treibe meine Schafe nun endgültig nach Scaradra hinüber. Don und eine immer noch kleinlaute Senta helfen mir dabei. Zum Glück ist es gar nicht so schwer, weil für viele der Herden Scaradra ohnehin der liebste Weideplatz ist. Sie laufen also ganz ohne Wadenzwicken in die richtige Richtung. Hier dürfen sie erst einmal bleiben. Für mich bedeutet das natürlich eine noch weitere Anreise. Aber da ich inzwischen meine Kondition deutlich verbessert habe, schaffe ich die Strecke Scaradra und zurück problemlos an einem Tag. Normalerweise. Heute nicht. Meine Beine schmerzen bei jedem Schritt. Die Wunden brennen, der rechte Fuß ist geschwollen.

Nach endlos langen vier Stunden schleppe ich mich den Hang hinauf zu meiner Hütte. Geschafft. Jetzt einen Schluck Wasser mit Johannisbeersirup und dann zu Gretel und ihrer Mama, der ich den Namen Woolite gegeben habe. Gretelchen kommt frohwüchsig mit ein paar Bocksprüngen auf mich zugerannt, mit Küssen und etwas Babymilch begrüße ich sie. Als es zu nieseln anfängt, verziehe ich mich an den Ofen. Nur noch ausruhen.

Ich freue mich über einen der letzten ruhigen, einsamen Abende. Schon in ein paar Tagen werden Renzo, Reto und Mauro kommen und mir beim Lämmerabtrieb helfen. Gretel ist nämlich bei Weitem nicht das einzige Lamm, das in den letzten Wochen über die Alm gestolpert ist. Es gibt noch eine Menge anderer Lämmer, die inzwischen groß und saftig genug sind, dass man sie von ihren Müttern wegholen und ins Tal bringen kann, und über deren weiteres Schicksal ich nur ungern nachdenke.

Die Mutterschafe sind die heiligen Kühe, die es zu behüten und mit saftigem Alpgras zu versorgen gilt. Aber warum? Nur aus dem einen Grund: damit sie genügend Lämmer produzieren, die man verkaufen kann. Zumindest die männlichen unter ihnen. Aus den weiblichen wird ja vielleicht ein gebärfreudiges Mutterschaf. Schließlich geht es auch hier in der Schweiz bei den Nebenerwerbsschäfern ganz klar ums Geschäft. Das ist schon in Ordnung. Aber das Gretelchen will ich auf keinen Fall in irgendeinem Kochtopf schmoren sehen. Es ist glücklicherweise erstens zu klein und zweitens weiblich, sodass ihm dieses Schicksal gewiss erspart bleibt. Trotzdem muss ich aufpassen.

Da im Herbst nach dem regulären Abtrieb alle Lämmer auf einmal auf den Markt kommen, haben manche Besitzer beschlossen, ihre Jungtiere früher, zu einem verkaufstechnisch günstigeren Zeitpunkt, zu verkaufen. Aus diesem Grund wird meistens schon gegen Anfang August ein Schwung Lämmer nach unten geschafft.

Aber bevor wir diese Arbeit in Angriff nehmen können, hat ein ganz bestimmtes Lamm beschlossen, mich noch einmal so richtig in Angst und Schrecken zu versetzen.

Am nächsten Morgen, als ich mich erholt und guter Dinge wie gewohnt nach Gretel umsehen will, kommt kein frohwüchsiges Lämmchen auf mich zugestürmt, gierig nach Babymilch. Kein lustiges Geblöke empfängt mich schon von Weitem. Kein einziges Mäh ist zu hören. Woolite sitzt im Gras und schaut mich mit großen Augen an. Was ist passiert?

Noch kann ich nichts erkennen. Da! Ein dunkelbraunes Wollknäuel liegt im Gras, genau zwischen den Vorderbeinen seiner Mutter. Gretel, ganz und gar reglos. Im Näherkommen sehe ich, dass die Kleine Schaum vor dem Mund hat. Erschrocken lege ich ihr die Hand auf die Brust und kann ihren Atem spüren. Sie lebt. Aber was bedeutet der Schaum? Hat sie etwas Falsches gefressen? Hat sie sich vielleicht vergiftet? So etwas kommt vor. Ich habe gelesen, dass es bestimmte Pflanzen gibt, von denen ich nicht mehr weiß, wie sie heißen und eigentlich auch nicht, wie sie aussehen, die für Tiere tödlich sein können. Aber wachsen ausgerechnet solche Pflanzen auf einer saftigen Schafsalp?

Ich taste Gretel ab. Die Wolle ist weich wie immer, aber ihr Bauch ist steinhart. Während ich sie streichle, geht plötzlich ein Zucken durch ihren Körper, und sie bäumt sich auf. Dicker Bauch, Schaum vor dem Mund, Aufbäumen: Das kann eigentlich nur eines bedeuten. Gretel hat sich überfressen. Hat zu viel Gras in sich hineingeschlungen. Die Zeit, in der sie sich ausschließlich von Milch ernährt hat, ist vorüber, und da wir hier auf der Alp nicht die Möglichkeit haben, Heu zuzufüttern, kann es schon einmal passieren, dass sich einfach zu viel Gras im Magen eines Lämmchens ansammelt. So harmlos das auch klingt, die Übersäuerung des Magens kann tödlich sein.

Soll das ihr Ende bedeuten? Nach all den halb durchwachten Nächten und den zahllosen Babymilchgelagen? Panik ergreift mich. Vor allem, weil ich mir bewusst bin, dass ich allein nicht helfen kann. Jetzt muss wirklich ein Tierarzt her. Ich rufe Riccarda an. Sie versteht meine Angst, kann aber unmöglich den Helikopter auf die Schnelle ordern, nur weil ein Lamm erkrankt ist. Zumal der Heli auch gerade anderswo im Einsatz ist.

»Bitte, Riccarda«, flehe ich sie an, »sag mir wenigstens, wo ich einen Tierarzt finde!«

»Einen Tierarzt? Das kannscht du vergessen. Das ist viel zu weit. Aber ich mach mich einmal schlau. Vielleicht finde ich eine Arznei, die dem Lämmchen helfen kann. Mach dich am beschten schon mal auf den Weg nach unten.«

Nach unten? Aber ich kann doch Gretel jetzt nicht allein lassen! Allerdings, wenn Riccarda Recht hat und kein Heli erreichbar ist, gibt es wohl kaum eine andere Möglichkeit, ihr zu helfen. Da klingelt auch schon wieder mein Handy. Riccarda.

»Du hascht Glück. Mauro hat noch etwas Colosan im Arzneischrank. Er ist schon unterwegs zum Parkplatz. Ich bin sicher, du bekommsch das allein hin.«

»In Ordnung. Ich beeile mich.«

Ich beeile mich so sehr, dass ich nach einer drei viertel Stunde vor dem Laden der Käsefrau stehe. An meine lädierten Beine verschwende ich keinen Gedanken, der Notfall hat eine Wunderheilung bewirkt. Doch kein Mauro in Sicht. Die Minuten, bis ich sein Auto jenseits des Staudamms auftauchen sehe, ziehen sich hin. Mauro gibt mir das Arzneimittel, eine wässrige Lösung, die in die Backentasche des Tieres gegeben werden soll. Ich bedanke mich tausendmal, umarme meinen und Gretels voraussichtlichen Retter und mache mich schon wieder auf den Rückweg.

Nach oben geht es nicht ganz so schnell, aber trotzdem in Rekordzeit. Gretel liegt unverändert vor ihrer Mutter. Ich öffne ihr Maul und flöße ihr das Mittel ein, das sie anstandslos zu sich nimmt. Vielleicht schmeckt es ja sogar, oder vielleicht vertraut sie mir einfach blind.

Erst einmal ändert sich nichts an ihrem Zustand. Das Einzige, was sich ändert, sind meine Pläne für den Tag. Die lege ich natürlich erst einmal auf Eis. Ich bleibe bei Gretel sitzen und gebe ihr nach einer Weile eine zweite Dosis. Langsam scheint sie zu entspannen, dreht sich hin und her und steht schließlich sogar auf. Das Schlimmste ist überstanden. Ich kann mich auf die Terrasse setzen, nach all der Aufregung einen Kaffee trinken und muss die Kleine lediglich im Auge behalten für den Fall, dass sich ihr Zustand wieder verschlechtert.

Aber Gretel hat sich nach zwei Stunden so weit erholt, dass sie schon wieder in meine Richtung zum Zaun gesprungen kommt und, ein Zeichen dafür, dass sie wirklich wieder gesund ist, ihre Ration Babymilch fordert. Das erkenne ich daran, dass sie mich mit der Schnauze am Bein anstupst. Wieder und wieder. Ich bin so erleichtert, dass ich sie auf der Stelle umarmen muss.

Lämmerabtrieb

Achtundzwanzigster Juli: Heute wollen Renzo, Reto und Mauro kommen und mir beim Eintreiben der Lämmer helfen. Das Eintreiben zu diesem frühen Zeitpunkt wird dadurch erschwert, dass die Lämmer nicht, wie am Ende, ohnehin um meine Hütte herum grasen. Nein, sie sind anderthalb zügige Bergwanderstunden entfernt in Scaradra. Man muss sie dort zusammentreiben, gemeinsam mit ihren Müttern, und hierherschaffen.

Ich sitze über meinen Haferflocken, die ich morgens zu mir nehme, seit mir das Brot ausgegangen ist, und befühle die blauen Flecken an meinen Beinen. Eigentlich müssten die Männer längst hier sein. Ich laufe ein bisschen in der Gegend herum und versuche mit dem Fernglas, herannahende Menschen zu erspähen. Leider umsonst. Nicht einmal ein versprengtes Schaf zu sehen. Abgesehen von Gretel und ihrer Mutter natürlich.

Nach einer Weile rufe ich Riccarda an. Sie erzählt:

»Renzo hat noch etwas im Ort zu erledigen und kommt später nach. Aber Reto und Mauro müssten eigentlich bereits in Scaradra sein. Lauf doch einfach los, und fang schon mal mit der Arbeit an!«

Es war verabredet, dass die drei hierherkommen und wir uns gemeinsam mit dem nötigen Werkzeug auf den Weg machen. Aber gut. Dann marschiere ich eben allein los. Don nehme ich mit. Ich werde ihn wahrscheinlich brauchen. Der Weg hinüber ist für mich inzwischen nicht mehr als ein Spaziergang. Meine Beine sind wieder weitgehend in Ordnung und die Aufstiege, die mir am Anfang meiner Alpzeit noch den Atem geraubt haben, kann ich jetzt fast im Laufschritt nehmen.

In Scaradra angekommen, sehe ich nur Schafe, große und kleine, schwarze, braune und weiße und Shaun, das kleine

Gescheckte, das auf mich zugetrottet kommt. Einen Menschen kann ich nirgendwo entdecken. Nicht einmal einen ruhebedürftigen Wanderer. Niemand. Aber ich bin ja froh, dass zumindest die Schafe da sind, wo sie sein sollen, und mich erwartungsvoll anschauen.

Don und ich setzen uns noch eine Weile in die Hütte und warten. Nichts passiert. Irgendwann klingelt das Handy, und Renzo sagt, dass sie es nicht so schnell schaffen und ich doch schon einmal allein anfangen soll, die Schafe einzutreiben.

Allein die Schafe eintreiben? Hat Renzo eigentlich eine Ahnung, was das bedeutet? Ich spüre, wie die Wut in mir aufsteigt. Ein ganz neues Gefühl hier oben in den Bergen. Zumindest was die Wut auf Menschen betrifft. Zum Eintreiben braucht man nämlich mindestens zwei Personen. Einen, der von oben nach unten treibt, und einen, der unten aufpasst, dass sich die Schafe nicht selbstständig machen und in alle Himmelsrichtungen davonstürmen.

Der erste Teil ist gar nicht so schwer. Ich steige den Berg hinauf und versuche, die Leitschafe zum Laufen zu bringen. Kein Problem. Leitschafe laufen gern. Sie sind immer dankbar für Abwechslung und rennen auch gleich los. Die Herde rennt hinterher. Aber mit was für einer Geschwindigkeit! Genau jetzt fehlt mir unten der zweite Mann, der sie in die richtigen Bahnen lenkt. Also muss ich, nachdem sich der ganze Tross in Bewegung gesetzt hat, an ihnen vorbei nach unten spurten, möglichst ohne weitere Unruhe in die Herde zu bringen, und unten mit Dons Hilfe auf den Wanderweg verweisen, der an dem kleinen Bergsee vorbei an den Hängen entlang und schließlich hinunter zu meiner Hütte führt. Das funktioniert natürlich nur teilweise.

Ein oder zwei Herden sind direkt mal auf den nächsten Hügel marschiert, froh, dass das Flexinet sie nicht länger daran hindert. Also, ich hinterher und an ihnen vorbei, um sie auch diesen Hügel hinunterzutreiben. Meine Wut wächst. Letztes Jahr haben mir noch drei Mann bei der ganzen Aktion geholfen.

Als ich die Schafe dann endlich auf Kurs gebracht habe, taucht plötzlich Reto wie aus dem Nichts auf. Unmittelbar nachdem ich es geschafft habe, die Schafe auf die große Wiese neben meinem Haus zu treiben. Anscheinend war er irgendwo oberhalb unterwegs. Tja, zu spät. Jetzt nützt er mir auch nicht mehr viel.

Ich bin total erledigt und bis aufs Unterhemd durchgeschwitzt. Senta darf mich noch ein paar Mal zur Begrüßung anspringen, dann wird geduscht. Nach der Dusche sind auch Renzo und Mauro angekommen. Mein Zorn ist verraucht. Einerseits, weil die Schafe jetzt da sind, wo sie hingehören, andererseits, weil ich stolz bin, dass ich es allein geschafft habe.

Renzo, Reto und Mauro bleiben den Abend über in der Hütte. Wir sitzen noch eine Weile zusammen in der Wohnzimmerküche und trinken Rotwein aus einem Plastikkanister. Gar nicht so übel. Das Feuer im Ofen knistert, und es ist eigentlich ganz gemütlich nach all den Strapazen des Tages.

Man versteht sich, auch wenn man sich nicht versteht. Wir prosten uns zu, und ich radebreche von pecora, tempo freddo und pastura und bekomme Antworten wie »sei il pastore migliore del mondo, che lavora più accuratamente che ogni altro pastore che abbiamo mai avuto«, die ich nicht verstehe. Aber das macht nichts. Je mehr Wein wir trinken, umso weniger macht das etwas. Und umso weniger plagen Rücken und nasse Socken.

Die Welt ist schön, als ich schließlich gegen elf erschlagen ins Barackenbett draußen im Nebengebäude falle und mich in meinem Schlafsack zusammenrolle. Don und Senta bleiben auf ihren Decken im Ankleide- und Kühlschrankraum.

In die Hütte darf ich Senta nur heimlich mitnehmen. Für Renzo sind Hunde keine Haus-, sondern Hoftiere. Ein Hoftier hat folglich nichts im Haus verloren. Das liegt aber wohl auch an der Renovierung mit dem Supermarktpreisgeld, wie mir Riccarda einmal erklärt hat. Seither hat Renzo größte Angst, der kostbare Steinboden könnte verschmutzt oder beschädigt werden, wobei ich der Meinung bin, ein Mensch mit schmutzigen Schuhen macht mindestens so viel Dreck wie ein schmutziger Hund.

Aber heute habe ich natürlich Renzos Regeln befolgt und mir Sentas Gejaule angehört, die unbedingt in meiner unmittelbaren Nähe sein wollte. Auf ihrem Deckchen, das sonst immer zu Füßen des Sperrmüllsofas liegt.

Der nächste Tag beginnt mit neuem Gejaule Sentas, deren Jagdtrieb im Sonnenschein (ja, tatsächlich, es ist wieder einmal schönes Wetter!) besonders stark ist und die es für unabdingbar hält, den Schafen vor ihrer Haustür die Meinung zu sagen.

Renzo schüttelt mal wieder den Kopf über Senta und murmelt etwas, das ich nicht verstehe. Vielleicht ist das ganz gut so.

Der Anblick von fünfzehnhundert sonnenbeschienenen Schafen ist fast schon surreal. Ein einziges wolliges Gewusel. Wenn ich daran denke, warum wir sie hier zusammengetrommelt haben, wird mir aber deutlich unwohler zumute. Sie sind hier, um auseinandergerissen zu werden. Mütter und Kinder werden hier für immer getrennt. Ähnlich sieht es aus, wenn ich an die Arbeit denke, die mit der Trennungsaktion verbunden ist. Denn das haben wir heute zu erledigen – Renzo, Reto, Mauro und ich müssen die Schafe in zwei Gruppen teilen: in die Mutterschafgruppe und die Gruppe der gut entwickelten Lämmer.

Von ihrer momentanen Weide auf der großen Wiese neben dem Haus werden sie durch eine Schleuse getrieben, wie wir sie auch für das Klauenbad verwendet haben. Durch die Schleuse passt immer nur ein einziges Tier. Dahinter befindet sich eine Gabelung, von der aus wir die Tiere nach links oder nach rechts treiben können. Links ist der Bereich für die Lämmer, die kräftig genug sind, um ohne Mutter zu überleben. (Zumindest so lange, bis sie geschlachtet werden und später als Lammkeule oder Schäferspieß oder Lamm-Bohnen-Eintopf auf den Tisch kommen.)

Rechts ist der Bereich für die Muttertiere und die kleineren Lämmer. Es ist nicht so einfach, die Kleinen von ihren Müttern zu trennen. Es ist eigentlich nur möglich, wenn beide nicht in Sichtkontakt sind. Wenn eine Schafsmama ihr Baby sieht, springt sie sogar über einen elektrischen Zaun. So groß ist die Mutterliebe.

Die Weide der Lämmer befindet sich darum um die Ecke, hinter dem Haus. Wichtig ist auch, dass die Lämmer zuerst hinuntergetrieben werden. Das erledigen Renzo, Reto und Mauro. Ich darf mich um die Mütter kümmern. Senta, Don und ich bewachen noch ein Weilchen die erwachsenen Schafe, bis die Kleinen außer Sicht- und Hörweite sind.

Dann öffne ich die Zäune und treibe die Herden mit Dons Hilfe wieder in Richtung Scaradra. Ich muss sie nur ein Stückchen begleiten. Den Rest des Weges finden sie von allein.

Die ganze Aktion erinnert mich an zu Hause. An den Tag, an dem wir unsere Böckchen abgegeben haben. Obwohl wir wussten, dass sie nicht geschlachtet werden, war es hart, unsere kleine Herde zu trennen. Man merkte den übrig gebliebenen Müttern an, dass sie trauerten. Sie waren ruhiger als sonst. Riefen nicht schon bei Morgengrauen nach ihrem Trockenfutter, auf das sie ganz wild sind, und waren zugleich furchtsamer, schreckten bei jedem Geräusch zusammen. Aber wir konnten ihnen ja kaum erklären, dass wir keine

Wahl hatten und dass es ihren Jungs ganz ausgezeichnet gehen würde in der Bockherde, die von Zeit zu Zeit eine Reihe fescher Merinoschafe beglücken durfte.

Hier bekomme ich die Trauer zum Glück nicht weiter mit. Gretelchen bleibt mir auch noch eine Weile erhalten. Sie ist noch viel zu klein. Zusammen mit ihrer Mama hat sie sich die ganze Aktion gespannt angeschaut. Jetzt ist sie natürlich wieder hungrig und bohrt den Kopf in meine Hand. Es macht Spaß, sie ein bisschen zu knuddeln und zu wissen, dass zumindest sie nicht im Kochtopf landet.

Wenn ich Gretel so anschaue in ihrer ungestümen Wildheit, erinnert sie mich an Janika, und ich freue mich darauf, dass meine Tochter mich bald besuchen kommt. Nur ein paar Tage noch, dann wird meine Familie hier sein. Und nicht nur sie. Dieses Jahr werden sie begleitet von der besten Freundin meiner Tochter, Nike, samt ihrem Papa Felix und ihrem zweijährigen Bruder Maxime.

Zuerst war ich gar nicht sicher, ob ich eine so krasse Unterbrechung meiner Einsamkeit verkrafte, aber jetzt freue ich mich sehr auf das Kontrastprogramm mit Kinderlachen, Vätergesprächen und Partneraustausch. Außerdem hat der Besuch noch eine angenehme Begleiterscheinung: Endlich werde ich wieder ein paar Luxusgüter wie Brot, Eier, Kuchen oder Obst verspeisen können. Was soll ich mir wünschen? Äpfel? Bananen? Oder sogar Erdbeeren? Warum eigentlich nicht? Erdbeeren sind nicht besonders schwer. Vielleicht gibt es ja sogar einen frisch gebackenen Marmorkuchen wie im letzten Jahr. Marmorkuchen, wie lecker! Und wie schön wäre es erst, Apfelmus aus Gläsern zu löffeln, wie wir sie daheim immer im Schrank stehen haben. Für einen Rheinländer gehört Apfelmus zu den wichtigsten Nahrungsergänzungsmitteln. Wir essen Nudeln mit Apfelmus, Kartoffeln mit Apfelmus, Auflauf mit Apfelmus und überhaupt eigentlich fast alles mit Apfelmus. Die Tüten, die ich mitgenommen habe, ähneln aber eher Apfelsaft als Apfelmus. Sie sind nur ein magerer Ersatz.

Worauf es beim Proviant vor allem ankommt, ist das Gewicht. Ich werde gewiss nicht erwarten, dass man mir einen Kasten Traubensaft hier heraufbringt oder eine Kiste voller Äpfel und leider auch keine Gläser. Meine Freundin weiß das. Hoffentlich weiß es auch Felix. Ich erinnere mich nur ungern an den Aufstieg im letzten Jahr, als ich bepackt mit zwei fetten Rucksäcken, einem am Rücken und einem am Bauch, zu meiner Hütte stapfen musste. Meine Freundin hatte alle Hände voll zu tun mit der ohne Unterlass weinenden Janika. An das Tragen von mehr als einem Rucksack war da nicht zu denken gewesen. Der Weg schien kein Ende zu nehmen.

Aber schön war es doch. Wie die Kleine zum ersten Mal über die Wiesen gehoppelt ist, wie wir mit ihr gewandert sind, Janika mit einem Gurt um die Hüfte und an mich geseilt, ohne zu weinen. Wie sie ihrem Stoffreh Blumen gepflückt hat und an den langen kalten Abenden am (fest verschlossenen) Ofen saß und Bilder ausgemalt hat. Und das ganz allein, voll konzentriert, lange nachdem ihre müden Eltern sich schon ins Bett verzogen hatten.

Im Augenblick sitze ich aber noch einsam und allein auf einem Stuhl hinter dem Haus und lasse mir das Sonnenuntergangslicht über die Haut rieseln. Ob sie wohl eine Veränderung in mir bemerken, meine Familie und mein Freund von unten aus dem Tiefland? Bin ich ruhiger und gelassener? Entspannter vielleicht?

Zufriedener bin ich auf jeden Fall. Und natürlich topfit.

BESUCH AUF DER ALP –
EIN BLICK VON AUSSEN

Fünfter August: Joe strahlt. Er steht vor seinem Landy und sieht ganz anders aus als vor sechs Wochen, ganz der Schafhirte im Dienst, in Armeekleidung, mit wettergegerbtem Gesicht und Mehr-als-drei-Tage-Bart. Schmal ist er geworden und doch kräftiger. Genau wie Senta, die verfressene Senta, die ihr Bäuchlein in den Bergen verloren hat und laut bellend auf mich zuspringt. Ich habe sie vermisst, die beiden. Und das nicht nur, wenn es daran ging, unser riesiges Grundstück mit einer Sense von Brennnesseln zu befreien oder einen neuen Ikea-Schreibtisch aufzubauen.

Aber wenn ich sehe, wie gut Joe die Alpzeit bekommt, ist es doch alle Mühen wert. Lieber neun Monate lang einen zufriedenen Mann an meiner Seite als zwölf Monate einen unzufriedenen.

Die Kinder sitzen noch im Wagen. Felix schnallt sie los, während ich auf Joe zulaufe und wir uns heftig umarmen. Nicht zu heftig natürlich, weil nicht nur Felix, sondern auch die Käsefrau zuschauen könnte, die mich sicher gleich ansprechen wird. Genau wie letztes Mal. Da kommt sie schon. Ich krame mein Italienisch hervor und erzähle ihr, wie es Janika und mir geht und wie heiß der Sommer in Deutschland ist und dass wir dieses Jahr Verstärkung in Form von zwei weiteren Kindern mitgebracht haben. Über die beiden anderen Kleinen unterhält sich dann Felix mit ihr. Das allerdings auf Französisch, was sie nur teilweise versteht.

Auf Joes Frage, wie die Fahrt war, kann ich nur sagen: »Wie eben längere Autofahrten mit Kindern sind. Laut. Sie haben über die CDs gestritten, die sie hören wollten, und darüber, wer welchen Lutscher bekommt, sie haben den anderen Autofahrern Grimassen geschnitten, aber zum Glück auch mittags eine Stunde geschlafen.« Felix hat ein großes Auto, bei dem alle drei Kinder in ihren Sitzen nebeneinander auf die Rückbank passen.

Jetzt läuft Janika auf ihren Papi zu, springt in seine Arme und lächelt stolz und siegessicher von seinen Armen herab ihrer Freundin Nike zu. Siehst du, jetzt ist mein Papi auch da. Und mein Papi arbeitet hier. Und ich kenne das alles schon, weil ich letztes Jahr hier war.

Sie ist stolz darauf, einen Vater zu haben, der Schafe hütet. Welcher Vater tut das schon?

Sie nutzt auch gleich die Gelegenheit, Nike und Maxime fachmännisch zu erklären, wo die Hütte sich genau befindet, in der wir wohnen werden, und dass man aber erst gaaanz lange den Berg hinaufklettern muss, vorbei an dem hölzernen Geist, der eigentlich nur ein abgebrochener Holzstamm ist, an den Abhängen, die durch Erdrutsche entstanden sind, und an dem Brunnen mit Bergwasser.

»Weißt du, Nike, die Abhänge sind durch Riesenstürme ganz heruntergerutscht und man sieht die Wege überhaupt nicht mehr und weißt du, wenn wir nicht ganz doll aufpassen, rutschen wir bis ganz nach unten und können uns die Beine brechen. Das ist ganz gefährlich, weil die ganz schmal sind. Da musst du gut aufpassen. Und Maxime, du auch. Am besten, du bleibst einfach schön bei deinem Papa.« Während dieser Erklärungen haben sich die drei Kinder schon auf den Weg gemacht und stürmen die Wiese hinauf.

Felix und Joe umarmen sich auch. Felix ist Architekt, zurzeit aber vor allem Vater und außerdem Hobbyfotograf und Möchtegern-Tierbesitzer. Er beneidet Joe um seine Alpsommer und war sofort begeistert von der Idee, ihn zu besuchen.

»Das ist auch für die Kinder toll, einmal nur in der Natur zu leben und für eine Weile auf allen Luxus zu verzichten«, hat er seiner Frau erklärt, die selbst weder Zeit noch eine besondere Vorliebe für Urlaube dieser Art hat.

Ich werde also für eine Woche oder zehn Tage, je nach Wetter, Mutter von drei Kindern sein. Kein Problem. Schließlich bin ich es gewohnt. Die drei spielen oft genug zusammen.

Mein einziger Vorbehalt war, wie immer in den Bergen, das Wetter. Richtig Pech hatten wir zwar auch im letzten Jahr nicht, aber es war doch eher durchwachsen und bei Temperaturen von fünf Grad ohne Sonnenschein konnten wir uns nie so richtig lange im Freien aufhalten. Es blieb uns nichts anderes übrig, als uns stundenlang mit Renzos Spielesammlung zu beschäftigen, die er für ähnliche Situationen mit seinen Kindern angeschafft hatte.

In diesem Jahr scheinen die Vorzeichen besser zu stehen. Hier unten am Stausee ist es warm. Nicht gerade heiß, aber zumindest warm. Laut Wetterbericht soll es auch so bleiben. Mal abwarten.

Joe ist, wie immer, der Zupacker, der sich gleich am Auto zu schaffen macht und sich zwei Rucksäcke aufgurtet. Danach ist der Kofferraum immer noch voll und ich sehe seinen besorgten Blick.

»Wir können das unmöglich alles auf einmal hochtragen. Mit den Kindern sind es drei Stunden Aufstieg. Felix, am besten, wir nehmen das Nötigste mit und dann marschieren wir zwei morgen früh noch einmal los und holen den Rest.«

Ich mit drei Kindern allein in den Bergen. Na schön. Hoffen wir mal, dass Maxime auch ohne seinen geliebten Papa bei mir bleibt. Ich bin da etwas skeptisch.

Ich greife mir auch einen Rucksack und laufe dann den Kindern hinterher, die sich beim Auf- und Abrennen vergnügen und all die Energie, die sie gleich so nötig haben werden, schon jetzt verbrauchen.

Das eigentliche Aufstiegsdrama beginnt Minuten später, als wir die Wiese hinter uns gelassen haben und der kleine

Maxime meint, er habe seine Füße für heute genügend in Anspruch genommen.

»Arm! Arm!«, schreit er und verleiht dieser Forderung mit lautstarkem Weinen Ausdruck. Maxime ist ein ziemlich willensstarkes Kind. Wenn er etwas will, hat man kaum eine Chance, etwas anderes zu wollen. Darin ist er Janika übrigens nicht ganz unähnlich.

Aber heute ist Felix eisern. Es bleibt ihm auch gar nichts anderes übrig, voll bepackt wie er ist.

Die Marschformation ist nun folgende: Don rennt voneweg, Senta hüpft um Joes Beine herum, der mit zwei Rucksäcken versucht, ein paar verstreute Schafe, die wieder einmal den Weg hinunter ins Tal gefunden haben, den Berg hinaufzutreiben, ich laufe hinterher, die beiden Mädchen rechts und links an der Hand, und hinten läuft Felix, den schreienden Maxime am Schlafittchen.

Bald werden die Abstände zwischen den Einzelgruppen größer, weil Joe rasch einen Umweg machen musste, um die ausgebüxten Schafe auf die andere Seite hinüberzulotsen, und Maxime eine Pause brauchte. Also marschieren wir für eine Weile allein den Schafstrampelpfad entlang.

Irgendwann passiert das, wovor man die größte Angst hat, wenn man mit Kindern in den Bergen wandert: Nike, die links von mir an der Hangseite geht, rutscht ab. Ein falscher Tritt und ihre Füße gleiten weg. Mir sinkt das Herz in die Hose, aber zum Glück kann ich die kleine Hand gerade noch halten und Nike wieder zu mir heraufziehen.

Die Mädchen schauen sich an, sind ein paar Sekunden sprachlos, aber dann lachen sie schon wieder über den Vorfall. »Weißt du, Nike, ich hab dir doch gesagt, dass das gefährlich ist hier. Es ist oft so steil, dass man nie wieder raufkommen kann. Und dann muss man für immer da unten bleiben und keiner kann einem helfen. Und vielleicht verhungert man dann.«

Bei mir sitzt der Schreck tiefer. So tief, dass ich eine Weile nicht weiter auf den Weg achte, sondern nur mechanisch einen Fuß vor den anderen setze und dem Trampelpfad folge, wohin er mich auch führt.

Dann kommt der gefährlichste Teil des Aufstiegs. Die Erdrutschzone, von der Janika erzählt hat. Der Pfad wird schlammiger und verschwimmt mit Matsch und Geröll, das sich offenbar von oben gelöst hat und ein paar Meter abgerutscht ist. An diesem schmierigen Geröllhang müssen wir entlangmarschieren. Wir gehen hintereinander, und ich halte jeweils ein Mädchen vor und eines hinter mir fest an der Hand. Nebeneinander wäre gar nicht möglich. Zwei von uns dreien würden mit Sicherheit wegrutschen.

Nikes Fast-Absturz steckt mir noch in den Knochen. Schön langsam tasten wir uns den Hang entlang. Ein paar Steine lösen sich und kullern in die Tiefe, aber uns und unseren Füßen passiert nichts.

Nachdem wir die Passage heil überwunden haben, schlage ich eine kurze Erholungspause vor. Janika nutzt die Gelegenheit, ihre mitgebrachten Gummibärchen zu verteilen und ihrem Stoffreh Bambi anstelle der Süßigkeiten etwas Moos anzubieten.

Als wir uns wieder auf den Weg machen wollen, fällt mir erst auf, dass weder Joe noch Felix irgendwo zu sehen sind. Müsste uns Felix nicht längst eingeholt haben? Müsste nicht Joe die Herde längst in die richtigen Bahnen gelenkt haben? Aus der Ferne höre ich Kindergeschrei. Maximegeschrei. Wieso so weit entfernt? Nike, Janika und ich fangen an, nach Felix zu rufen. Er antwortet etwas, was wir leider nicht verstehen können. Aber es klingt sehr leise und dazu noch aus einer anderen, irgendwie höheren Richtung. Wo stecken die beiden nur? Warum sind sie nicht unseren Weg gegangen? Es gab doch gar keinen anderen Weg, oder?

Offenbar doch. Wir machen uns auf in die Richtung von Felix' Stimme. Dieses Mal ganz ohne Weg, sogar ohne Trampelpfad, einfach stracks den Berg hinauf. Wir halten uns fest aneinander und an Baumstämmen, Ästen und Zweigen. Als wir ein Stück gelaufen sind, merkt Janika, dass zu allem Überfluss auch noch Bambi verschwunden ist. Bambi muss beim Moosessen vergessen haben, auf Janika zu achten, und sitzt nun einsam und allein zweihundert Meter unter uns. Mir kommen die Tränen. Wenn jetzt Bambi auch noch weg ist!

Meine Verzweiflung ist groß. Aber genau in diesem Moment taucht Joe auf. Er springt den Berg leichtfüßig hinunter, sucht eine Weile, findet Bambi, klettert wieder herauf und führt uns dann zu Felix auf den richtigen Weg. Unser Retter in der Not.

»Ihr habt eine Weggabelung verpasst«, erklärt er.

Felix hat wohl eher zufällig den richtigen Weg gewählt und wundert sich, dass ich mich nicht besser auskenne, wo ich doch im letzten Jahr schon einmal hier war. Männer! Als ob ich einen Weg, der nicht einmal ein Weg ist und den ich brav hinter Joe hertrottend bei schlimmstem Regenwetter einmal nach oben gewandert bin, ein Jahr später wiederfinden würde!

Übrigens hat Janika die Bambi-Affäre erstaunlich ruhig überstanden. Kein Weinen, kein Gekreische. Sie ist ja auch schon ein großes Mädchen. Immerhin schon vier.

Der Rest des Weges ist nur noch anstrengend und nicht mehr aufregend. Joe ist ja auch wieder bei uns und übernimmt streckenweise Janika, während ich mich um Nike kümmere. Maxime weint immer noch.

Aber die Mädchen sind tapfer. Kein Klagen, kein Murren. Auf ihren immer noch kurzen Beinen marschieren sie stumm und irgendwie auch stolz den Berg hinauf, bis zur letzten Hütte vor der Alp, wo wir eine kurze Rast machen und Maxime plötzlich gar nicht mehr weint und gar nicht mehr müde ist. Er hüpft um den Brunnen herum und veranstaltet Wasserspiele.

Als es weitergeht, ist die schlechte Laune prompt zurückgekehrt, und er schafft es, auch den letzten, sicherlich anstrengendsten Anstieg quer über die Wiese zu Joes Haus ohne Unterbrechung zu weinen. Ich fürchte, das war mit Janika vor einem Jahr nicht anders.

Oben bei Joes Hütte angekommen, springen nicht nur die Kinder vor Freude herum. Auch mich überkommt ein Gefühl von Vertrautheit und Heimat. Manchmal denke ich daran, wie es wohl wäre, wenn Janika und ich die drei Monate gemeinsam mit Joe hier oben verbringen würden. Ganz allein würde ich nicht hier sein wollen. Vor allem würde ich es niemals über mich bringen, meine Tochter so lange nicht zu sehen.

Aber zusammen? Das wäre schon reizvoll. Sicherlich käme es auf die Wetterverhältnisse an. Die Hütte ist für drei oder sogar sechs Personen auf Dauer doch ziemlich eng. Aber bei Sonnenschein ist alles anders. Der ganze Berg bis nach hinten, drei Hügel weiter, wo die gemütliche Kuhle ist, von der aus man auf den Stausee hinunterblickt, ist dann das Wohnzimmer. Genau wie jetzt.

Es ist sogar hier oben spürbar warm, frühlingswarm. Leider auch frühlingsblühend. Mein Heuschnupfen meldet sich schon am ersten Tag zu Wort. Ich erinnere mich an letztes Jahr. Da hat er mich die ganze Woche über nicht in Ruhe gelassen. Eine Tatsache, die einen längeren Aufenthalt deutlich erschweren würde.

Für die Kinder muss erst einmal die wichtige Frage »Wo schlafen wir?« geklärt werden, ehe sie sich der zweitwichtigsten »Wo sind die Schafe?« zuwenden können. Die Sache mit dem Schlafplatz ist schnell erledigt. Dank der Tatsache, dass Renzo die Hütte als Ferienhaus benutzt, gibt es ein riesiges

Stockbett, auf dem Joe und ich unten und Felix mitsamt den drei Kindern oben Platz haben. Janika überlegt noch, ob sie zwischen ihren Eltern in der Ritze schlafen soll, entschließt sich aber mit der Erklärung »Ich bin es gewöhnt, ohne euch zu schlafen« für die höhere Ebene. Nike, die es nicht gewöhnt ist, »ohne meinen Papa und meinen Bruder zu schlafen«, hat ihr Lager ohnehin schon oben aufgeschlagen, und so haben am Ende alle das, was sie gewöhnt sind. Für Kinder ganz wichtig. Obwohl wir es alle nicht gewöhnt sind, mit sechs Personen in einem Bett zu schlafen. Aber das ist auch irgendwie lustig.

Die Betten werden bereitet, die Schlafsäcke ausgebreitet, Renzos Wolldecken als Absicherung gegen das Herunterfallen am Rand aufgebaut, und dann geht es wieder hinaus. Zum Schlafen ist es noch zu früh. Die Kinder erkunden die Gegend und machen sich auf die Suche nach der Antwort auf ihre zweite Frage: »Wo sind die Schafe?«

Erst einmal ist nichts zu sehen. Doch dann bimmelt schon bald die kleine Herde heran, die Joe den Berg hinaufgetrieben hat. Sie machen es sich in der Koppel neben dem Haus bequem. Die Kinder sind begeistert. Besonders der kleine Maxime: »Safe! Safe!«, schreit er und hüpft auf und ab. Allerdings traut er sich ohne Erwachsenenunterstützung nicht näher heran. Felix nimmt ihn auf den Arm und gleich ist die Angst vergessen. Nur streicheln lassen sich die Tiere nicht.

Obwohl Joe behauptet, sein Lieblingsschaf Shaun könne er auch mal so richtig knuddeln. Und natürlich das Gretelchen, das er uns jetzt zeigt. Erzählt hat er uns schon viel von dem Schafsbaby, bei dem er Mama spielt.

»Oh! Babysaf!«, schreit Maxime, und alle drei Kinder stürmen los zum Pferch schräg hinter dem Haus, wo Gretel und ihre Mutter wohnen. Janika, die sich ja mit Schafsbabys auskennt, urteilt ganz fachmännisch, dass Gretel »schon ganz groß und stark ist und sicher bald keine Babymilch mehr braucht«.

»Ja, eigentlich braucht sie keine Milch mehr«, sagt Joe. »Aber ihre morgendlichen Blök-Orgien hat sie leider noch nicht aufgegeben.«

Ich gebe Joe einen Kuss. Die Vorstellung gefällt mir, dass er dem Schaf Tag und Nacht die Milchflasche gegeben hat. Bei Janika war das ganz und gar meine Aufgabe.

Schade eigentlich, dass wir hier in all dem Trubel mit den Kindern so wenig Zeit füreinander haben werden. Obwohl, wenn ich so an letztes Jahr denke, reicht schon ein Kind, um romantische Zweisamkeit zu verhindern.

Die Schafe sind mittlerweile von den übermütigen Kindern vertrieben worden. Um sie wieder anzulocken, greift Joe zur Geheimwaffe, seinem Salzvorrat. Auf einigen Steinbrocken streut er Salz aus, das eine ähnliche Wirkung auf die Schafe hat wie Gummibärchen auf Kinder. Sie vergessen ihre Angst und kommen so schnell angestürmt, dass jetzt Maxime wieder in Panik gerät. Es ist schon schwierig, es allen recht zu machen.

Während Felix die ersten beiden Rucksäcke auspackt, sitzt Maxime friedlich auf meinem Schoß bei den Schafen und schaut begeistert zu, wie die Lämmer und ihre Mamas gierig das weiße Salzpulver auflutschen.

Die Mädels haben inzwischen entdeckt, dass das Dach hinten am Haus bis fast auf den Boden reicht. Also haben sie flugs die Gelegenheit genutzt und sind, wie sie es von einer Rutsche kennen, die Schräge hinaufgeklettert. Jetzt sitzen sie oben auf dem Dachfirst und blicken stolz zu uns herunter. Ich fühle mich an frühkindliche Kletterzeiten erinnert und mache mich unter dem Vorwand, ich müsse auf Nike und Janika aufpassen, ebenfalls auf den Weg nach oben.

Joe schüttelt nur den Kopf, holt aber gleich seine Kamera und schießt ein paar Fotos. Wir genießen derweil die Abend-

*Ruheort auf halbem
Weg nach Scaradra*

*Fundsache: Zwar
keine Dinoknochen,
aber immerhin ein
Schafskelett*

GANZ OBEN *Alpenprinzessin: Nike mit Bruder Maxime*

OBEN *Bergfest: Janika und Joe*

*Mein Zweitwohnsitz
Scaradra*

*Hier wurden in
Scaradra die Gelage
gefeiert*

*Ein Murmeltier hat
sich aus der
Höhle gewagt*

*Don und Senta
halten Wache*

*Mamas Milch
zum Mittagessen*

*Pause nach getaner
Arbeit*

*Wer küsst mich? Eine
Kröte am
Wegesrand*

*Schafe weiden vor
meiner Haustür*

Die Berge in düsterer Stimmung

Schnee im Juli

Die Zäune müssen regelmäßig kontrol–liert werden

Der gute alte Landy im Turtmanntal

Als Wanderschäfer in Deutschland

*Knutscherei bei
Schäfer Zenker*

*Gleich geht's nach
Hause*

sonne und den Blick in die Ferne. Insbesondere ich. Die beiden Vierjährigen sind noch nicht ganz so für die kontemplative Stimmung zu haben. Für sie geht es das Dach hinauf und hinab und hinauf und hinab.

Ich aber bin ganz versunken in den Anblick des Berghangs auf der anderen Seite, über den die Schafe in Richtung Scaradra getrieben werden. Ich kann mich noch gut daran erinnern. Es ist der Hang, den die Hunde letztes Jahr immer hinaufgestürmt sind, wenn ein paar Ausreißer wieder auf Kurs gebracht werden sollten. Es ist auch der Hang, auf dem wir letztes Jahr ein Schaf haben abstürzen sehen, das auf der Flucht vor den bellenden Hunden war. Es hat den Sturz nicht überlebt.

Irgendwann ist es auch für mich Zeit, hinunterzusteigen und mich um das Abendessen zu kümmern. Aber was rieche ich da, als ich in die Hütte trete? Nudeln und Tomatensauce köcheln in den Töpfen, das Lieblingsessen der Kinder. Felix und Joe haben gekocht. Was für ein Luxus! Das lasse ich mir gern gefallen.

Janika mosert etwas. »Schon wieder Spaghetti. Ich mag keine Spaghetti. Ich will gerollte Nudeln.« Der ständige Streit zwischen den Freundinnen. Nike liebt Spaghetti, Janika Spirelli-Nudeln. Maxime isst alles. Zumindest alles, was in seinem Mund landet. Das ist ungefähr ein Drittel von dem, was sich vorher auf seinem Teller aufgetürmt hat. Der Rest ist über Tisch und Sitzbank verstreut. Der normale Alltag also, ob zu Hause in Deutschland oder hier auf der Alp.

Zumindest für Felix und mich. Joe dagegen genießt offenbar die Abwechslung.

»Es ist schön, dass wieder mal Leben in der Bude ist«, verkündet er und sieht jugendlich aus mit seinem wettergebräunten Gesicht unter den weißen Haaren. Die hatte er angeblich schon mit siebzehn. Sie sind sozusagen sein Markenzeichen. Wehe, wenn er sie färben würde!

Später am Abend ist das Leben in der Bude dann weniger schön. Wir liegen alle in unserem Riesen-Stockbett und hätten gern etwas mehr Ruhe. Felix ist da weniger empfindlich. Er ist schon eingeschlafen, als ich oben zwischen die Kinder gequetscht Geschichten vorlese. Die Kinder sind hellwach, während mir so langsam die Augen zufallen. Es war ein anstrengender Tag. Ich klettere hinunter zu Joe, der auch noch nicht eingeschlafen ist, kuschele mich in meine Decke und an ihn und versuche zu schlafen.

»Mami!«, kräht es da von oben. »Nike und ich haben Durst!« Na schön, ich bringe den beiden ihre Prinzessinnen-Flaschen. Beide haben die gleiche. Selbstverständlich. Nur in Nikes ist schon eine kleine Delle, weil Maxime sie fallen gelassen hat.

Ich lege mich wieder ins Bett.

»Mami! Wir machen ein Wetttrinken. Wer am schnellsten die Flasche leergetrunken hat!«

Ein Wetttrinken ist ja wirklich ein hervorragender Einfall abends in einem fremden Bett. Vor allem, wenn man ziemlich weit oben liegt und kaum allein über die Leiter herabsteigen kann, die eigentlich ein Holzbrett ist, mit versetzt herausgesägten Trittmulden an beiden Seiten. Wer viel trinkt, muss viel Pipi.

»Mami! Ich muss mal!«

Dachte ich's mir. Joe steht auf und begleitet Janika ins Bad. Alles erledigt, zurück ins Bett.

Später von Nike: »Claudia, es ist zu dunkel. Ich kann nicht schlafen, wenn es so dunkel ist. Ich bin das nicht gewöhnt.« (Lieblingsspruch!) »Wir brauchen mehr Licht.«

Strom ist auf einer Berghütte nicht gerade im Überfluss vorhanden. Die ganze Nacht das Licht brennen lassen? Joe wird langsam ein bisschen ärgerlich.

»Das Licht im Flur kann meinetwegen anbleiben. Aber alles andere wird ausgemacht.«

»Das ist zu dunkel!«, protestiert Janika. Joe wird wütend. Er ist es gewöhnt, um acht zu schlafen. Jetzt ist es schon halb elf.

»Wenn da oben nicht sofort Ruhe ist, dann mache ich das Licht ganz aus.«

Das wirkt. Ruhe.

Mitten in der Nacht wache ich davon auf, dass meine Nase zu ist. Der Heuschnupfen. Ich stehe auf und merke sofort, wie kalt es in der Hütte ist, wenn das Feuer nicht brennt. Im Bad steht das Nasenspray. Nach den Erfahrungen vom letzten Jahr habe ich es vorsorglich mitgenommen. Bei den Kindern ist alles still. Ein schönes Gefühl.

Gegen halb sieben höre ich ein Rascheln. Jemand steigt die Leiter herunter. Felix. Zum Glück ist es keines der Kinder. Da muss ich mich um nichts kümmern. Joe schon. Schließlich muss er den Gastgeber mimen. Er springt auf und wirft sich in seinen Militäroverall. Wahrscheinlich hat Felix vor, die restlichen Sachen von unten zu holen, und Joe wird ihn wohl begleiten. Die beiden tuscheln kurz und verschwinden dann.

Ich kann nur hoffen, dass Maxime nicht zu früh aufwacht und nach seinem Papi ruft. Ich zähle die Stunden, die die beiden Männer brauchen werden, bis sie wieder zurück sind. Wenn sie sich richtig beeilen, könnten sie es in zwei Stunden schaffen. Ich mache die Augen wieder zu und versuche, noch ein wenig zu schlafen.

Janika weckt mich eine Stunde später. Sie ruft nach mir, während sie versucht, allein die Leiter herunterzuklettern. »Mami, Mami, wir müssen Nike wecken.«

Die Mädels, die ziemlich rasch im Nacht- beziehungsweise Unterhemd festgestellt haben, dass die Temperaturen für Outdoor-Aktivitäten noch zu niedrig sind, haben die Sperrmüllcouch für sich entdeckt. Die Couch eignet sich hervorragend zum Turnen. Man kann darauf Handstand machen und Rad schlagen und Purzelbaum, und wenn man Glück hat, fällt man dabei auch nicht herunter. Vor allem aber kann man Kopfstand machen und dabei die Beine gegen die Wand lehnen. Das macht am meisten Spaß. Die Kopfstandtechnik wird so lange perfektioniert, bis Maxime oben anfängt zu rufen. Was er ruft, verstehe ich nicht, aber er ist definitiv wach.

Maxime ist bester Laune und strahlt mich an. Ich erkläre ihm kurz, dass sein Papa die restlichen Gepäckstücke holt und bald wieder da ist, was übrigens dringend nötig ist, weil Nike und Maxime nicht mehr viel zum Anziehen haben. Nikes Socken sind noch klamm von einem Bachlauf, den wir beim Aufstieg durchwaten mussten. Nachthemd und Schlafanzug fehlen ebenfalls.

Kaum zu glauben, aber Socken, Nachthemd und Schlafanzug fehlen immer noch, als Felix und Joe zurück sind. Nicht, dass sie den Grund für ihren Fußmarsch vergessen hätten, aber Felix hat so viel Gepäck mitgebracht, dass es eines dritten Abstiegs bedarf. Er öffnet seinen Rucksack und zieht Dose auf Dose hervor. Joes Augen werden größer und größer. Für ihn, der sich alle Lebensmittel in Tüten- oder Pappverpackung besorgt hat, ist es erstaunlich, wie man freiwillig Dosen hier heraufschleppen kann. Aber Felix meint, dass Tomaten in der Dose einfach leckerer schmecken. Und außerdem wolle er nicht nur uns, sondern auch Joe etwas Gutes tun. Wir werden nämlich in der kurzen Zeit, in der wir da sind, die Dosen auf keinen Fall leeressen können. Auch nicht mit drei heißhungrigen Kindern.

Die Tasche mit den Kleidern haben die zwei Männer im Auto gelassen. »Dafür hatten wir absolut keine Hand mehr frei.«

Macht auch nichts, denke ich. Dann bekommen die Kinder eben etwas von Janika zum Anziehen. Aber da habe ich falsch gedacht. Kinder wollen nur dann die Sachen von anderen Kindern anziehen, wenn sie das selbst so bestimmt haben. Aber ganz gewiss nicht, wenn es von Erwachsenen oder der Situation bestimmt wird. Nike will keine Jeans anziehen, sondern das weiße Balletttrikot, das noch im Auto liegt.

Zum Frühstück gibt es nicht nur Brot mit Nutella (auch die hat Felix im großen Glas mitgebracht), sondern auch Eier und Müsli. »Das ist ja richtiger Luxus«, meint Joe und seine Augen glänzen. Die Kinder schaufeln sich die Teller voll, essen fast nichts und stürmen dann hinaus in die inzwischen aufgegangene Sonne. Felix reibt sich derweil die vom Rucksacktragen schmerzende Schulter.

Joe hat sich für die Tage, die wir bei ihm sind, mehr oder weniger freigenommen und ersetzt den morgendlichen Gang nach Scaradra durch einen kürzeren Gang den gegenüberliegenden Hang hinauf. Von dort aus kann er mit dem Fernglas zu den Schafen hinüberschauen.

Wir wollen heute allesamt in Richtung Scaradra marschieren. Ganz werden wir es sicher nicht schaffen, aber wir wollen bei dem kleinen See in dem Tal, wo Joe ein Zelt versteckt hat, gemütlich picknicken. Für das Vorbereiten des Picknicks bin ich zuständig. Hier wie zu Hause. Was können wir mitnehmen? Kleine, feste Salamiwürste, eine Empfehlung von Joe, Knäckebrot mit Butter, eine Empfehlung von Felix, Käsestückchen von dem Gouda und Leerdamer und natürlich, ganz unbedingt und auf Empfehlung der Kinder, etwas Süßes zum Nachtisch. Das könnten Papikekse sein, von denen wir Joe einen ganzen Vorrat mitgebracht haben, oder ein paar Kaubonbons mit Himbeergeschmack.

Das Essen wird auf zwei Rucksäcke verteilt und dann kann es losgehen. Bleibt noch die Frage, wie Maxime sich wohl auf den Weg machen wird. Zu Fuß oder in der Sänfte?

Am Anfang springen die drei Kinder voller Elan auf ihren eigenen zwei Beinen den Weg entlang, der in Richtung Süden zunächst bergab führt, klettern auf die kleinen und größeren Steine, die überall aus dem Boden aufragen, und pflücken Unmengen von Blaubeeren und Blumen. Ich fände es sinnvoller, wenn sie die Blumen auf dem Rückweg pflücken würden, nur wann tun kleine Kinder schon das, was sinnvoll wäre. Die Blumen bekomme ich sogar geschenkt. Aber wohin jetzt damit? Meine Hände brauche ich, um die zwei Mädchen festzuhalten, als wir oben auf der ersten Bergkuppe angelangt sind. Ich schiebe das Sträußchen in die Jackentasche, wo ich es in vier Stunden wahrscheinlich etwas weniger frisch herausziehen werde.

Der Weg oben ist nicht mehr ganz so spielerisch zu meistern. Rechts geht es ziemlich steil bergab. Ich wage es nicht, die Kinder frei laufen zu lassen. Sie müssen sich alle an irgendwelche Erwachsenenhände klammern. Maxime bei Felix, Nike und Janika bei mir. Später auch mal Janika bei Joe. Selbst wenn es nicht direkt bergauf geht, ist es anstrengend, auf dem Pfad zu dritt nebeneinander zu marschieren. Und es dauert.

Joe sehe ich in immer weitere Ferne entschwinden. Ihm fällt es nach dem wochenlangen Konditionstraining schwer, langsam zu gehen. Immer mal wieder bleibt er stehen und wartet auf uns. Felix mit seinen langen Beinen geht auch ein Stück voraus. Maxime mit seinen kurzen Beinen thront auf den Schultern seines Vaters.

Meine Mädels pflücken lieber Blumen, als sich zu beeilen. Ist auch in Ordnung. Aber ich muss meinen Ehrgeiz zügeln. Dabei ist es so wunderschön hier, dass ich am liebsten frei von Wettbewerbsgedanken an jedem Felsvorsprung anhalten und stundenlang in die Ferne schauen würde oder nach unten auf den idyllischen Stausee.

Schafe haben wir noch keine gesehen. Sie sind wohl ganz brav auf dem ihnen zugewiesenen Weideplatz geblieben und wollen Joe den Urlaub mit Familie gönnen. Das Einzige, was uns Probleme bereitet, sind die Disteln. Manchmal wird der

Pfad so schmal, dass es unmöglich ist, nebeneinander zu gehen. Ich strecke dann meine Hände nach vorn und hinten, um die Mädchen wenigstens an zwei Fingern festzuhalten. Zwischen den Blaubeersträuchern voller Früchte, die den Pfad überwuchern, sehen wir kaum unsere eigenen Füße und auch nicht die tückischen kleinen Stolpersteine, über die man allzu leicht in die versteckten Disteln fällt.

Zwischendurch muss ich dann doch die Kinder loslassen, um mir die Nase zu putzen, weil mich mein Heuschnupfen auch heute einfach nicht in Ruhe lässt. All das saftige Gras um uns herum, das den Schafen so lecker schmeckt, bekommt mir gar nicht.

Auf einer breiten Ebene mit gemütlichen Ausruhfelsen machen die Mädchen Halt. Sie wollen sich aus den lila Kleeblüten und den gelben Sonnenröschen eine Kette basteln. Ich kann auch eine Pause gebrauchen. Joe und Felix müssen nun leider wieder ein Stück zurückwandern. Pech gehabt. Janika und Nike wandern für ihr Alter schon ausgezeichnet, finde ich. Da sollen sie auch ihre Verschnaufpausen haben.

Während ich so auf einem runden, niedrigen Felsen sitze, erinnere ich mich, dass wir auch im letzten Jahr hier Pause gemacht haben und Janika ihr Bambi grasen ließ. Damals hatten wir sie noch mit einem Bergseil am Bauchgurt gesichert. Das war für mich sehr beruhigend. Obwohl es natürlich voraussetzt, dass Joe nicht danebentritt. Aber ich habe vollstes Vertrauen in seine Trittsicherheit.

Da kommt Don angehechelt und lässt sich neben mir nieder, um mir seinen Kopf unterzuschieben. Bitte streicheln. Das kenne ich schon aus Joes Erzählungen und gebe ihm gern seine Streicheleinheiten. Senta legt sich zu den Kindern.

Maxime schläft fast. Jetzt wird auch er auf seine eigenen Beinchen heruntergelassen und ist plötzlich wieder putzmunter. Er will auch Blumenkränze flechten und beteiligt sich eifrig an der Arbeit. Dass seine Kränze weder aus Blumen bestehen, die Blüten reißt er nämlich vorher ab, noch überhaupt Kränze sind, weil er noch keine Knoten machen kann, tut nichts zur Sache.

Mit der Aussicht auf ein baldiges Picknick mit leckerem Nachtisch können wir die Mädchen schließlich zum Weitergehen motivieren. Maxime klettert wieder auf Papas Schulter.

Trotz der Sorge um die Kinder und gewisser Atemprobleme genieße ich unsere Wanderung. Nicht nur die Ruhe, die Schönheit der Natur und die Einsamkeit begeistern mich, sondern auch das Wissen darum, endlich wieder Joes Leben zu teilen. Genau hier spaziert er jeden Morgen entlang, während ich mich zu Hause dusche, anziehe, Janika fertig mache und erst zum Kindergarten und danach zur Arbeit fahre. In einer ganz anderen Welt. Weit weg. Gar nicht mal nur räumlich. Jetzt aber bin ich ganz nah dabei und habe teil an den Dingen, die Joes Alltag ausmachen.

Auch darum ist es mir wichtig, ihn auf der Alp zu besuchen. Ich möchte riechen und spüren können, wie er lebt. Und natürlich soll auch Janika genau wissen, was ihr Papi so tut, während sie ihn einen Sommer lang nicht zu sehen bekommt.

Wie er zum Beispiel solche Passagen meistert wie hier. Es geht an einer Felswand entlang im 90-Grad-Winkel nach links. Der Abhang ist steiler als sonst. Zwar mit Gras und Sträuchern bedeckt, an denen man sich notfalls festhalten könnte, aber ein bisschen Angst habe ich trotzdem. Da Felix keine Sicherungsseile mitgebracht hat, lassen wir auch Janika dieses Jahr ungesichert laufen. Wir halten uns dafür alle gut aneinander fest. Ich spüre die Aufregung der Mädchen. Sie fühlen sich sicher an meiner Hand und finden es spannend, so gefährliche Wege zu gehen, von denen sie später im Kindergarten erzählen können.

Nachdem wir diese Höchstschwierigkeit gemeistert haben, fragt Joe: »Wenn ihr fit seid, können wir eigentlich auch bis Scaradra weiterwandern, und ich zeige euch die Hütte. Wir können uns dort ausruhen und, wenn wir wollen, sogar dort schlafen. Was meint ihr?«

Ich fühle mich hin- und hergerissen. Einerseits bin ich neugierig auf Scaradra, das ich noch nicht zu Gesicht bekommen habe. Auch nicht im vergangenen Jahr. Andererseits kann ich mir nicht vorstellen, dass die Kinder in der Lage und willens sind, eine weitere Stunde zu wandern. Vor allem, wenn ich daran denke, dass wir den ganzen Weg wieder zurückgehen müssen. Dort schlafen?

Auf Schlafanzüge und Zahnbürsten könnten wir noch am ehesten verzichten und ausnahmsweise würden wir die Kinder wohl auch ohne Vorlesebücher zum Einschlafen bringen. Aber:

»Übernachten können wir leider nicht. Ich habe keine Babymilch für Maxime dabei«, wirft Felix ein.

Also nein. Schade ist es schon.

Immerhin sind wir jetzt in dem idyllischen Tal mit dem Bergsee angelangt, an dessen Ufer wir im letzten Jahr schon eine Picknickorgie gefeiert haben. Der See ist nicht ganz so groß, wie ich ihn in Erinnerung habe. Wahrscheinlich weil es diesen Sommer weniger geregnet hat.

Joes Zelt erwartet uns schon. Es liegt zusammengefaltet am Fuß des rechten Hügels. Ein bisschen grau, ein bisschen alt und mit dem Geruch von vielen Zeltreisen im Verlauf vieler Jahre. Aber trotzdem gemütlich. Obwohl das Wetter gar nicht mal so schlecht ist, wir also ein Zelt gar nicht unbedingt nötig hätten.

Ich lege die mitgebrachten Geschirrtücher als Tischdecke aus und verteile die Köstlichkeiten darauf. Das Zelt hat den Vorteil, dass wir die verfressene Senta besser in Schach halten und die Salami- und Käsestückchen vor ihrem Appetit schützen können.

Wie meistens bin ich die Hauptesserin. Die Kinder fiebern nach dem zweiten Bissen Brot schon dem süßen Nachtisch entgegen, Joe ist es eigentlich nicht gewöhnt, Mittag zu essen. Das macht er seit Jahren nicht mehr, und Felix hat alle Hände voll zu tun, Maxime in Schach zu halten, der am liebsten im Bergsee schwimmen würde.

Da höre ich hinter dem Zelt, genau dort wo die Kinder herumspringen, einen dumpfen Schlag und gleich darauf lautes Kinderweinen und Mamischreien. Janika! Ich springe auf und schaue um die Ecke. Janika hält sich die Hände an den Kopf und schluchzt. Eigentlich weint sie nicht so leicht, wenn sie hinfällt. Nur wenn sie müde ist. Oder wenn ihr wirklich etwas wehtut. Es muss also etwas Ernstes sein, auch Nikes weit aufgerissenen Augen nach zu urteilen. Ich nehme Janika in den Arm und frage sie, wo es wehtut und was geschehen ist.

»Wir haben uns gestritten ... und ein bisschen gekämpft«, stößt sie zwischen Schluchzern hervor, »und dann bin ich einfach nach hinten ... gefallen ... und da war ... ein Stein ...«

Ich schaue mir die Stelle am Kopf an, auf die sie gezeigt hat, und was entdecke ich: Blut. Joe springt auf und untersucht die Wunde genauer, meint dann aber, es sei weniger schlimm, als es aussehe. Felix, der selbst schon einmal eine Gehirnerschütterung hatte, fragt Janika, ob sie doppelt sehe und ob ihr schlecht sei. Sie schüttelt den Kopf. Aber etwas schwach auf den Beinen ist sie doch und will erst einmal auf meinem Schoß ausruhen. Ich mache mir Sorgen. Mütter dürfen das. Sie dürfen sich immer die meisten Sorgen machen. Ich drücke ihr ein paar Küsse auf den Kopf und wiege sie hin und her.

Wir bleiben noch eine Weile am See. Nike und Maxime werfen Steinchen, während Janika teilnahmslos zuschaut. Auch ein Zeichen dafür, dass es ihr nicht gut geht. Als wir aufbrechen, darf Janika darum auf Joes Schultern reiten. Genau wie Maxime auf Felix'. Nur die arme Nike muss laufen. Nike trägt das Ganze mit Fassung. Sicher ist sie stolz, dass sie als einziges Kind die Wanderung allein bewältigen wird. Sie bleibt bei mir an der Hand und abgesehen von gelegentlichen Blümchenpflückpausen kommen wir ganz gut voran. Nicht so gut wie die Männer, aber das ist uns egal.

Zurück in der Hütte ist Janika noch ein wenig schlapp. Während Joe Wäsche wäscht, sitzen wir am Tisch, und Felix und ich zeichnen um die Wette und erledigen zeichnerische Auftragsarbeiten der Mädchen. Zum Abendessen gibt es heute Pfannkuchen mit Nutella oder Marmelade. Mal keine Nudeln. Auch gut. Das Kochen erledigen wieder die Männer. Nach dem Essen, man glaubt es kaum, ist Janika wie neu geboren. Vergessen sind die Schmerzen, das Kopfweh und die Müdigkeit. Kurz vor dem Zubettgehen tobt es sich doch am besten. Maxime ist auch wieder wach. Na wunderbar. Für normale Kleinkinder ist acht Uhr durchaus eine akzeptable und von vielen Eltern wahrscheinlich auch vorgegebene Schlafenszeit. Nicht so bei diesen dreien. Weder zu Hause noch hier.

Sie haben stattdessen ein neues Spielzimmer entdeckt: die Baracke. Die Stockbetten in der Baracke sind hoch genug, dass man als Vierjährige und Zweijähriger aufrecht stehen kann. Und nicht nur das. Man kann auch aufrecht hüpfen. Trampolinspringen sogar. Man kann auch, aber das finden sie erst später heraus, von dem einen unteren Trampolinbett auf das andere untere Trampolinbett einen Salto machen. Sogar Maxime schafft das schon halbwegs. Es macht anscheinend einen Riesenspaß. Mehr noch als über Fensterbrett und Bettgestell auf das obere Bett zu klettern. Sie sind ein lustiges Trio, diese drei.

Der Rest des Abends verläuft ähnlich wie am Vortag. Aber heute nehmen Joe und ich uns noch etwas Zeit im

Wohnzimmer, nachdem Felix und Maxime im Schlafzimmer eingeschlafen sind und Janika und Nike sich noch ein paar Bücher anschauen.

Wie ein altes Ehepaar sitzen wir zusammen auf der Eckbank vor dem Ofen und lassen den Tag Revue passieren.

»Findest du diesen ganzen Trubel nicht nervig nach der wohltuenden Einsamkeit?«

Joe drückt mich noch etwas fester an sich. »Nein, überhaupt nicht. Ich genieße es, dass ihr da seid. Einsam bin ich lange genug gewesen und werde es noch lange genug sein. Mach dir keine Sorgen.«

Danach sprechen wir über zu Hause. Den Tieren geht es gut. Unsere Schafe sind diesen Sommer zum ersten Mal auf ihrer Außenweide geblieben, die fünf bis zehn Minuten von unserem Haus entfernt liegt. Es ist noch so viel Gras darauf, dass sie es mit Zufüttern von einem Ballen Heu pro Woche gut bis zum Winteranfang dort aushalten. Der Vorteil ist, dass sie mich nicht jeden Morgen mit ihren fordernden Mährufen aufwecken. Der Nachteil ist, dass ich sie nicht in meiner unmittelbaren Nähe habe. Und ich habe die Schafe gern in unmittelbarer Nähe. Da geht es mir wie Joe. Schafe wirken so beruhigend.

Dafür kräht der Hahn, den wir erst seit diesem Jahr haben, jeden Morgen. Aber zum Glück ist er nicht besonders stimmgewaltig, obwohl er Caruso heißt.

Ich erzähle auch von meiner Arbeit, wo ich mir manchmal mehr Anerkennung wünsche. Da geht es Joe ganz anders:

»Siehst du, das ist der Vorteil am Schäferberuf. Ich habe weder Kollegen noch Chefs noch Kunden. Keine menschlichen jedenfalls. Keiner kann mir sagen, was ich zu tun habe. Den Respekt bekommt man einfach dadurch, dass alles funktioniert, dass es den Schafen gut geht, dass sie in Sicherheit sind und dort grasen, wo sie grasen sollen.«

Dann stelle ich die Frage, die ich auf irgendeine Weise in jedem Alpjahr stelle:

»Wie schaffst du es nur, so lange von uns getrennt zu sein?«

»Mir wäre es auch lieber, nicht so weit von euch entfernt zu sein. Aber leider ist es nun einmal so, dass es Alpstellen nur in den Alpen gibt und dass die Alpen sich nicht in Rheinland-Pfalz befinden. Wenn ich zu Hause eine ähnliche Aufgabe finden würde, wäre ich der glücklichste Mensch. Aber mit Schafen funktioniert das in Deutschland anscheinend nicht. Das haben wir ja gesehen. Denk an Zenker. Und ehrlich gesagt, tut mir nach all den Enttäuschungen und Niederlagen die Einsamkeit immer wieder ganz gut. Sie hilft mir, den Kopf frei zu bekommen.«

So oder so ähnlich fällt die Antwort auch jedes Mal aus. Aber Joe hat sich noch mehr Gedanken gemacht.

»Ewig werde ich das nicht machen können. Mich würde es reizen, als Förster mit eigenem Revier zu arbeiten. Ich müsste nur eine Hochschule finden, an der ich Forstwirtschaft im Fernstudium belegen kann. Mein Jagdschein ist da sicher ein Pluspunkt. Ich habe mit Felix gesprochen. Er glaubt auch, dass Förster momentan eher gesucht sind und dass das Alter vielleicht gar nicht so eine große Rolle spielt.«

Gute Idee, finde ich. Aber lässt sie sich auch in die Tat umsetzen? Wir wissen nicht einmal, ob Forstwirtschaft überhaupt als Fernstudium angeboten wird, und wir wissen schon gar nicht, was das Ganze kosten würde. Aber die Vorstellung, dass Joe bei uns in der Nähe durch die Wälder zieht und abends heimkommt, ist verlockend. Ich gebe zu, mir wäre insgesamt wohler dabei, er hätte einen sicheren Job mit Lohnsteuerkarte und Altersvorsorge. Aber vielleicht bin ich auch nur spießig geworden, seit unsere Tochter auf der Welt ist.

Vor Janikas Geburt hatten wir ganz andere Vorstellungen vom Leben. Wir haben uns über die lustig gemacht, die immer auf Nummer sicher gegangen sind, die sich ein Haus gekauft haben, statt es zu mieten. Wir wollten Freiheit. Die Freiheit, zum Beispiel, für ein halbes Jahr zusammen auf Weltreise zu gehen und mit dem Landy durch die Lande zu fahren. Wie das meistens so ist, haben wir diesen Traum aufgeschoben, bis es zu spät war. Aber schön wäre es immer noch. Wir sollten vielleicht die Zeit nutzen, ehe Janika in die Schule kommt.

Träumen darf man ja wohl noch. Von Obstplantagen in Neuseeland und Schafsfarmen in Australien und Blockhütten in Kanada. Joe träumt mit mir und träumend gehen wir schließlich um kurz nach elf ins Bett. Wir genießen den Luxus, ganz in Ruhe und Frieden im Bett zu liegen. Die Mädchen haben sich offenbar an ihre neue Umgebung gewöhnt und schlafen selig.

Der nächste Morgen beginnt wieder mit Felix' Füßen auf der Holzleiter. Heute hat er vor, allein den Berg hinunterzulaufen, um nun auch wirklich die letzten Gepäckstücke zu holen. Vor allem die Kleider für ihn und seine Kinder. Die Hosen und Pullover und Strümpfe und Schlafanzüge, die so dringend gebraucht werden. Das Lustige ist, dass er überhaupt nicht genervt ist. Im Gegenteil. Leise pfeifend packt er seine Sachen zusammen und raunt uns zum Abschied zu:

»Ich glaube, das mache ich jetzt jeden Morgen. Man wird richtig fit dabei. Bei Sonnenaufgang durch diese Landschaft zu spazieren ist das reinste Vergnügen.«

Typisch Felix. Still auf dem Sofa sitzen ist seine Sache nicht. Aber Aktionismus hin oder her, Joe und ich kuscheln uns lieber noch ein wenig in die Bettdecke und aneinander. So ist es angenehm warm. Fast wie früher auf unseren gemeinsamen Romantikreisen vor Janikas Zeit, in den gemütlichen engen Hotelzimmern.

Aber das hier ist kein Romantikurlaub. Irgendwann erinnert mich Joe daran und verlässt unser Bett und mich, um über die Wege seiner Schafe zu wachen. Seine Aufgaben warten, und die würde er niemals vernachlässigen. Gut so.

Die Kinder lassen sich heute mehr Zeit. So kann ich ganz in Ruhe aufstehen und das Frühstück vorbereiten.

Ein paar Stunden später springe ich mit den Kindern zwischen den Blaubeersträuchern und Alpenrosen herum. Wir spielen Fangen, Gefangene-ins-Gefängnis-Stecken und Von-dort-wieder-Ausbrechen.

Über all dem Fangen, Fesseln und Weglaufen verpassen wir sogar die Rückkehr der Männer. Felix kehrt als Erster heim, schwer beladen. Genauso schwer wie in den vorigen Tagen. Unglaublich, was er alles mitgebracht hat. Obwohl er für die letzte Fuhre nicht zuständig sei, meint er. Die habe seine Frau eingepackt. Es sind die Kleider und Schuhe der Kinder und noch ein paar Liter Milch, die das Gewicht deutlich beeinflusst haben.

Nike lässt einen Freudenschrei los und durchwühlt den Rucksack mit ihren Kleidern. Ein rosafarbenes mit weißen Punkten ist dabei und ein pinkfarbenes. Janika rümpft die Nase: Das ist doch nichts für die Alm, Nike! Ganz unten auf dem Rucksackboden blitzt noch etwas Weißes hervor: Ein Balletttrikot mit fast durchsichtigem Chiffonröckchen. Die Schafe werden sich freuen.

Janika macht große Augen. Für gewöhnlich ist sie diejenige, die ausschließlich und wirklich ausschließlich Kleider und Röcke trägt. Aber da sie ein sehr vernünftiges Mädchen sein kann, jedenfalls manchmal, hat sie nach einigen Diskussionen verinnerlicht, dass man auf der Alp Jeans oder Lederhosen trägt und KEINE Kleider.

Nike wird darum auch ausgiebig belehrt: »Man zieht doch in der Schweiz keine Kleider an. Das weiß doch jedes Kind!«

Schweiz ist bei den Kindern das Synonym für Berge. Der Ort in der Schweiz, an dem sich Janikas Papi aufhält, ist die ganze Schweiz.

Nike interessiert sich nicht allzu sehr für Janikas Kritik und wirft sich gleich mal ins Ballett-Trägerhemdchen. Was für ein Anblick! Dazu zieht sie sich die Krone auf den Kopf, die die Kinder an ihrem ersten Hüttenabend aus Moosgummi und Glitzersteinen gebastelt haben, läuft hinaus zu Gretel und ihrer Mama und den paar Schäfchen, die noch beim Haus geblieben sind, und rennt barfuß durch die gebirgsfrische Vormittagsluft. Wie eine Bergfee sieht sie aus! Janika bekommt es gar nicht mit, weil sie gerade unbedingt eine Ballerina fertig malen muss. Aber Maxime kommt hinausgelaufen und nimmt die Bergfee an der Hand. Bergfee und Brüderchen. So etwas hat die Alpe Garzott sicher noch nicht gesehen.

Zur Wanderung, die später noch auf dem Programm steht, muss sie sich allerdings umziehen. Anordnung vom Papa. Hosen, versteht sich. Aber das ist dann auch in Ordnung. Man kann sich ja bei der Heimkehr wieder in den Haus- und Hofanzug werfen. Dieses Mal geht die Wanderung in die entgegengesetzte Richtung. Erst den Berg hinauf und dann immer am Hang entlang dem schmalen Trampelpfad im Gänsemarsch folgend. Nach einer halben Stunde biegen wir um eine Ecke und haben plötzlich ein völlig verändertes Panorama vor uns. Breite Täler, umrahmt von schneebedeckten Gipfeln, Flüsse, die durch die Täler fließen, Süßklee, Sonnenröschen und Glockenblumen, die überall herrlich blühen, und dazwischen einzelne Miniaturfelsen, die zum Klettern förmlich einladen. Nicht nur die Kinder, sondern auch mich.

Dann sitze ich auf so einem Felsbrocken, gemütlich wie auf einem Sessel, und genieße die Aussicht. Am liebsten würde ich immer weiter laufen bis nach hinten zu den Gletscherhängen, die eigentlich ganz nah erscheinen.

Wir bleiben aber im Warmen und laben uns am Käse-Salami-Knäckebutterbrot-Picknick. Die Sonne strahlt heute vom Himmel herab. Und auch die Kinder strahlen um die

Wette. Vergessen sind der Sturz von gestern und die Klei-
dungsdiskussionen von heute früh. Janika und Nike sind voller Energie und hüpfen hierherum und daherum und kommen immer wieder zu uns zurückgestürmt mit Steinen in der
Hand, die immer neue Färbungen und Muster haben und
teils silbrig, teils golden, teils kupfern aussehen.

»Wie Edelsteine!«, ruft Janika, und so sehen sie auch aus.

Zuerst bekomme ich Steine in die Hand gedrückt, bis
meine Hände sie nicht mehr fassen können. Dann haben
die Mädchen am Flüsschen einen flachen Felsen entdeckt,
auf dem man wunderbar Steine verteilen kann. Der Felsen
ist deutlich größer als Mamihände und trägt problemlos die
Lasten.

Maxime sucht währenddessen Murmeltiere, die immer
wieder nach ihm oder nach Senta oder Don pfeifen. Joe hat
erzählt, woher die Pfiffe stammen, und da ist Maxime natürlich gleich Feuer und Flamme und will die Murmeltierwoh-
nungen auskundschaften. Das ist aber gar nicht so einfach,
denn Maxime ist doch bedeutend größer als ein Murmeltier.

Er kann sich nur vor dem Eingang aufbauen und darauf
hoffen, dass die Tiere zutraulich werden. Was nicht passiert.
Kaum geht er aber ein paar Schritte weg, lugt wieder ein fre-
ches Murmeltierschnäuzchen aus dem Erdloch hervor. Maxime ist aber nicht sauer. Ihm macht es Spaß, mit ihnen Verstecken zu spielen. Ganz im Gegensatz zu Senta, der Joe
tröstend den Hals tätschelt.

Heute ist ein traumhafter Tag. Sommerlich warm, idyllisch und friedlich, wie es vielleicht nur auf der Alp sein kann.
Selbst die Kinder zeigen sich von ihrer besten Seite, sodass
man sich fragt, ob es schon jemals anders war. Mir gefällt es
außerdem, eine Gegend zu erkunden, die wir im letzten Jahr
noch nicht kennengelernt haben. Da war unser Radius be-
grenzter, wegen unseres kleineren Kindes und der größeren
Regenwahrscheinlichkeit.

Die Mädchen arbeiten unermüdlich am Belegen ihrer Felsplattform. Jede Lücke wird gefüllt mit wieder einem Edelstein, der ein klein wenig anders ist als die anderen Steine, die sich schon in Reih und Glied präsentieren. Gegen Ende ihrer Arbeit haben sie auch einen Namen für ihr Projekt: Steinmuseum.

Wir müssen uns Eintrittskarten besorgen, um das Steinmuseum nach seiner offiziellen Eröffnung besichtigen zu können. Die Eintrittspreise variieren zwar etwas und liegen zwischen einem und hundert Euro, aber das ist es uns wert. Als Eintrittskarte wird ohnehin fast alles gewertet, was man in der Hand halten kann.

Joe macht eine Menge Fotos von dem Museum, das wir wohl nur dieses eine Mal in unserem Leben werden besuchen können. Nike hat eine andere Form der Nachhaltigkeit gefunden. Sie füllt sich kurz vor unserem Aufbruch ihren Rucksack mit Steinen, die sie, wie Felix ihr immer wieder klarmachen will, nicht nur jetzt, sondern auch später beim dreistündigen Abstieg allein schleppen muss. Aber dieses Argument wiegt für ein vierjähriges Mädchen nicht sonderlich schwer.

Janika ist nach dem Einrichten des Steinmuseums erschöpft und packt sich nur zwei, drei Steine in ihre Taschen.

Auf dem Rückweg, für den wir, weil es halt spannender ist, eine andere Route wählen als für den Hinweg, wird es noch einmal anstrengend. Der Pfad führt etwas tiefer am Hang entlang, was zunächst den Vorteil hat, dass wir keine so großen Höhenunterschiede überwinden und erst weit hinauf- und später weit hinunterklettern müssen. Der Nachteil ist aber, dass der Pfad erheblich schmaler ist und es stellenweise wieder recht steil nach unten geht. Das heißt also: Kinder fest an die Hand nehmen beziehungsweise, in Maximes Fall, auf die Schulter. Es gibt einige kritische Abschnitte mit losem Schotter, an denen wir besonders vorsichtig sind. Aber

Joe kennt den Weg und weiß, dass uns nichts Ernsthaftes passieren kann.

Janika rutscht ein bisschen, doch Joe hat sie fest im Griff. Später, lange nach den riskanten Abrutschpassagen, laufen die Mädchen wieder ein Stück voran. Plötzlich fangen sie an zu schreien. Keine Schmerzens-, sondern Überraschungsschreie. Die beiden sind auf ein Schafsskelett gestoßen, dessen Knochen am Hang verstreut zwischen Wollfetzen liegen. Ein ungeheuer interessanter Fund für kleine Kinder, die schon daheim großen Spaß an Plastikdinoskeletten hatten. Sie zeigen weder Angst noch Scheu, die Knochen anzufassen.

Munter wird hier ein Schädelknochen untersucht und dort eine Rippe. Nike überlegt sogar, ob sie nicht einen Teil ihrer wertvollen Steine hierlassen soll, um stattdessen Schafsgebeine zu verstauen. So weit kommt es dann zwar nicht, aber ein paar Knochen kann man zusätzlich in der Hand nach Hause tragen.

Joe erinnert sich gut an das tote Schaf. Im letzten Jahr hat er zwei Tiere verloren und eines davon ist diesen Abhang hinuntergestürzt.

»Ich konnte nichts mehr tun. Es war sofort tot«, erzählt er, und seine Stimme klingt bedrückt.

»Bekommst du eigentlich Probleme, wenn du eines oder mehrere deiner Tiere verlierst? Musst du dafür aufkommen?«, will Felix wissen.

»Nein, überhaupt nicht. Die Schweizer Schäfer rechnen damit, dass es Verluste gibt. Das ist normal, und damit muss der einzelne Besitzer selbst klarkommen. Ich muss zum Glück nicht haften. Ich habe dem toten Schaf nur das Ohr abgeschnitten, zum Beweis für den Besitzer, dass es nicht verschollen ist.«

Bei aller Freude der Kinder über den Knochenfund herrscht dann kurzfristig betretene Stimmung in unserer kleinen Wandertruppe. Es handelt sich hier ja um die Überreste eines Schafes, das im letzten Jahr noch munter über die Wiesen geklettert ist.

Aber genau das fasziniert die Kinder natürlich auch.

Janika will bis ins Detail erfahren, wie das Schaf abgestürzt ist und ob es von Senta gejagt wurde oder vielleicht von einem Wolf oder ob es einfach nur über einen Stein gestolpert ist.

Joe erzählt ihr von dem anderen Schaf, das tatsächlich auf der Flucht war, vor wem oder was auch immer. Er hat es nur davonlaufen sehen. Aber dieses hier sei wohl durch eine Krankheit geschwächt gewesen und habe keinen sicheren Tritt mehr gehabt.

»Was für eine Krankheit hatte es denn?«, fragt Janika nach.

»Das weiß ich auch nicht genau. Ich kann ja unmöglich alle zwölfhundert Mutterschafe und sämtliche Lämmer regelmäßig untersuchen, kleiner Dummbeutel. Ich denke es mir nur, weil Schafe sonst ziemlich sicher auf den Beinen sind. Sicherer als ihr kleinen Zicklein. Und das hier war auch noch ein Bergschaf, die können wirklich klettern wie die Gämsen. Denk nur an unsere Bergschafe zu Hause. Die kommen über jede Mauer, wenn sie wollen. Also glaube ich, dass es vielleicht ein Problem an den Fußgelenken hatte oder an den Klauen. Vielleicht hatte es sich den Fuß verstaucht. So etwas kann uns Menschen ja auch passieren, wenn wir umknicken oder ausrutschen. Als ich es mir nach seinem Absturz angesehen habe, schien mir das eine Bein etwas geschwollen zu sein.«

Neben der korrekten und zugleich kindgerechten Unfallanalyse muss sich Joe noch mit etwas ganz anderem beschäftigen. Wir sind irgendwie doch zu hoch hinaufgekommen am Berg und müssen nun den Weg zur Hütte erreichen, der ein ganzes Stück unter uns liegt.

Leider führt weit und breit kein Weg und kein Schafstrampelpfad hinunter. Nicht einmal ein ganz klitzekleiner.

Es bleibt also nur die Möglichkeit, direkt und ohne Weg hinabzusteigen. Das allerdings ist steil und rutschig. Meiner Meinung nach viel zu rutschig. Und dann noch die ganzen Stolperfallen, Disteln und kleinen Steine. Joe kümmert das nicht. Er macht sich trotzdem munter an den Abstieg. Aber wahrscheinlich ist er einfach trittsicherer als wir Großstädter und Einwochenälpler.

Nach ein paar Schritten rutschen wir aus, die Mädchen, die ich an den Händen halte, und ich. Direkt auf den Hosenboden. Autsch! Und da sitzen wir nun, im Gras, am Abhang und trauen uns gar nicht, wieder aufzustehen. Warum auch? Warum nicht da bleiben, wo wir sind? Wenn man auf dem Hosenboden sitzt, kann man nicht weiter fallen.

Aber man kann wunderbar rutschen. Solange man den Hindernissen ausweicht und nur über das glatte Gras bergab gleitet, ist das Ganze eigentlich recht gemütlich. Felix folgt natürlich lieber Joe, stolz und aufrecht, wie die Männer halt gern sind oder zumindest wie sie sich gern geben. Aber uns Mädchen kümmert das nicht. Wir haben einen Riesenspaß bei der Rutschpartie. Sie schont auch unsere von der Bergsteigerei schon ziemlich lädierten Knie. Wir lachen die ganze Zeit und fragen uns, warum die Jungs so dumm sind, unserem Beispiel nicht zu folgen.

Das Einzige, worüber wir nicht nachdenken, ist der Zustand unserer Hosen. Aber darum können wir uns später kümmern. Wenn wir wieder in Sicherheit sind, in der Geborgenheit der Hütte. Aber das kann noch etwas dauern.

Irgendwann sind wir zu Füßen der zwei kopfschüttelnden Herren und des eingeschlafenen kleinen Jungen auf dem unteren Pfad gelandet. Mein Hintern fühlt sich ziemlich feucht an. Ich will gar nicht wissen, wie er aussieht. Außerdem sind wir ja noch lange nicht zu Hause. Es geht erst ein ganzes

Stück auf dieser Höhe entlang, ehe wir weiter hinuntermüssen, und dann schließlich über den kleinen Gebirgsbach, der aber gar nicht so schmal ist, wenn man ihn überqueren will.

Wir machen es so, dass Joe auf die andere Seite springt und die beiden Mädchen hinüberhebt. Dann besteht er darauf, mich beim Balancieren über die aus dem Wasser ragenden Steine zu stützen. Das wäre natürlich überhaupt nicht nötig, aber ich nehme seinen Arm gnädig an. Felix macht einen großen Schritt und schon ist die Sache für ihn erledigt. Na, bei den langen Beinen.

Wenig später, endlich, sehen wir die Hütte vor uns. Nur noch die letzten Meter bergab und wieder den Geröllweg bergauf, dann können Steine und Knochen, lebende wie tote, abgeladen werden. Von genau dem Moment an, in dem die Mädchen ihre Fundstücke abgelegt haben, interessieren sie sich nicht mehr dafür.

Ziemlich schlapp sitzen wir alle in den Restsonnenstrahlen vor der Hütte und massieren uns die Füße. Das war jetzt eine richtige Wanderung. Da können die Kinder stolz drauf sein. Und wir Erwachsenen eigentlich auch.

Während Maxime schläft und wir faulenzen und unseren Durst mit köstlichem frischem Alpenquellwasser aus dem Wasserhahn stillen, haben sich die Mädchen eine neue Tätigkeit ausgedacht: Don kämmen. Beide machen sich mit Feuereifer an die Arbeit und benutzen Nikes Prinzessinnen- und Janikas Holzbürste zum Striegeln des armen Don, der dabei erstaunlich still hält. Wahrscheinlich gehört das Kämmen bei ihm in die Rubrik Streicheleinheiten. Bei all der Kämmerei fällt uns auf, dass Janika und Nike selbst einmal wieder gebürstet werden sollten. Ihre Haare sind derart windzerzaust, dass womöglich nur waschen oder abschneiden hilft. Das bringt Joe dazu, unseren ersten und einzigen Streit in diesem Urlaub vom Zaun zu brechen.

»Ich finde, du könntest Janika den Pony mal wieder schneiden. Er ist ja viel zu lang!«

Na gut, denke ich, er hat vielleicht Recht. Ich nehme die Schere und schnipple gegen Janikas Widerstand etwas an den Vorderhaaren herum. Aber Joe gefällt das Ergebnis nicht.

»Doch nicht so! Du musst die Haare zwischen die Finger nehmen und die Enden abschneiden. Links ist es jetzt ganz schief.«

Da geht er drei Monate auf die Alp, überlässt mir Kind, Haus und Hof, und dann beschwert er sich über meine Haarschneidetechnik. Plötzlich sehr dünnhäutig, als ginge es um eine Grundsatzfrage der Erziehung, reiche ich ihm die Schere.

»Hier, bitte. Es ist ja auch dein Kind. Wenn du es so gut kannst, dann mach es doch selbst!!«

Natürlich hat er Recht. Ich kann keinen Pony schneiden. Nicht einmal meinen eigenen. Aber in diesem Moment ertrage ich es einfach nicht, dass er alles besser weiß.

Joe nimmt die Schere, Janika läuft weg und damit ist die Sache erledigt.

Nach einer halben Stunde meint Joe: »Ich muss jetzt leider noch kurz nach Scaradra hinauf und nach den Schafen sehen. Schließlich hab ich den ganzen Tag nicht richtig gearbeitet.«

»Du hast vielleicht eine Kondition! Oder willst du dich nur vor dem Haareschneiden drücken?«

»Vielleicht«, beginnt er schmunzelnd, »will ich mich tatsächlich vor dem Haareschneiden drücken. Du bist ja am Ende doch die bessere Frisörin.« Er gibt mir einen Kuss. »Und was die Kondition angeht, die hättest du auch nach all den Wochen.«

Das stimmt womöglich sogar. Nur kann ich es mir im Augenblick überhaupt nicht vorstellen.

Muss ich auch nicht, weil die Kinder mich von meinen Gedanken ablenken. Sie haben Nikes Ballettsachen untereinander aufgeteilt, die eine das Röckchen, die andere das Trikot, Maxime die Strumpfhose, und führen uns ein Tänzchen vor, üben Drehungen und Sprünge. Offensichtlich ist die Energie wieder zurückgekehrt. Schade, dass Joe das verpasst.

Schade, dass er so vieles verpasst, während er hier oben seine hundert Tage Schafe hütet. So viele kleine Entwicklungsschritte Janikas, von denen ich ihm nur erzählen kann, viele Freuden, viele Tränen, neue Kleider, neue Ballettschritte. All das gibt es nur im Zeitraffer und in der Kurzversion. Aber das ist eben der Preis dafür, dass er seinen Traum lebt. Es ist ja auch in Ordnung so. Schließlich verdient er damit auch Geld, das wir gut gebrauchen können.

NOCH SECHS WOCHEN

Dreizehnter August: Sie sind fort. Die kurze Woche, in der sie meine Bergeinsamkeit belebt haben, ist zu Ende. Claudia muss wieder arbeiten. Der Abschied fällt mir unendlich schwer. Jedes Jahr aufs Neue. Der härteste Tag der gesamten drei Monate. Zurückzubleiben ist immer schwerer, als wegzufahren. Die Hütte kommt mir jetzt so groß und leer vor wie in dem Kinderbuch meiner Tochter, in dem sich eine alte Frau darüber beklagt, dass ihr Haus zu klein ist. Ein weiser Mann rät ihr, eines nach dem anderen all ihre Tiere ins Haus zu holen. Erst als Kuh, Ziege, Huhn und Schwein das Haus wieder verlassen haben, merkt sie, wie viel Platz sie eigentlich hat.

Immerhin sind sie einen Tag länger geblieben als geplant. Das Wetter war so traumhaft, dass es eine Schande gewesen wäre, das nicht auszunutzen. Bei ihrer ursprünglichen Planung hatte Claudia das Wetter im letzten Jahr in zu schlechter Erinnerung, als wir so oft vor dem Regen in meine vier Wände flüchten mussten. Das wäre jetzt auf Dauer schon eng geworden mit drei wilden Kindern und drei nicht ganz so wilden Erwachsenen. Aber dieses Jahr hat uns die Sonne unendlich viel Platz zum Spielen und Toben beschert. Keine sechs Paar nasse Socken zum Trocknen, keine sechs durchweichten Jacken und sechs Paar mit Zeitungspapier ausgestopften Schuhe.

Kann natürlich alles noch kommen. Nicht sechs, aber eins. Mein eigenes Paar. Ich habe ja noch etliche Wochen vor mir. Sechs lange Wochen mit wer weiß was für Wetter.

Wie gern wäre ich mit meinen beiden Mädels ins Auto gestiegen und hätte sie für mindestens ein Jahr nicht mehr verlassen. Wie bei vielen schönen Dingen, die irgendwann vorbei sind, frage ich mich, ob ich nicht lieber auf sie verzichtet hätte, um die Trauer über ihr Ende zu vermeiden.

Der Abstieg war recht turbulent. Janika ging es nicht gut. Von Anfang an nicht. Sie war blass und klagte über Bauchschmerzen. Erst schoben wir das auf den Schlafmangel. Die Mädchen hatten am letzten Abend noch einmal richtig aufgedreht und bis elf Uhr gelesen, Geschichten erzählt, Tänzerinnen gemalt, Handstände auf dem Sofa gemacht und mit Kissen um sich geworfen.

Maxime ging es auch nicht gut, was aber sicher daran lag, dass er jetzt wieder auf seinen eigenen zwei Beinchen laufen musste. Schon nach wenigen Metern fing er an zu weinen und steigerte sich bis zu unserer ersten Picknickpause fast zum Toben. Als Felix ihn fragte: »Was ist denn los, Maxime?«, antwortete Maxime etwas wie »Surück. Zo«, was Felix übersetzte mit: »Ach so, du willst zurück zu Joes Hütte.«

Anscheinend hat Maxime die Zeit oben auf der Alp richtig genossen. Fast noch mehr als die Mädchen hat er das Leben zwischen Hunden und Schafen und Murmeltieren geliebt. Ein richtiger Bauernhofjunge. Schade, dass Felix in seinem Garten schlecht Tiere halten kann. Abgesehen von den zwei Katzen der Familie. Maxime würde sich als Stallbursche und Futterhilfe auch bei mir bestens machen. Aber er hilft bestimmt genauso gern seinem Papa beim Waschmaschinenreparieren und Hausrenovieren.

Während der Rast wurde Janika noch blasser. Ihre Stirn war ganz heiß. Dabei ist sie nie krank. Erkältet ja, aber krank eigentlich nicht. Ob das etwas mit dem Sturz zu tun hatte? Vielleicht doch eine Gehirnerschütterung mit Spätfolgen? Konnte eher nicht sein. Oder wirklich nur zu wenig geschlafen? Nike war aber ganz fit. Allerdings braucht sie ohnehin weniger Schlaf als Janika.

Die nächste Etappe schaffte Janika kaum noch allein. Obwohl es doch bergab ging und sie normalerweise den Weg hinuntergerannt wäre.

Ich war mit drei Rucksäcken beladen, konnte sie also unmöglich auf den Schultern tragen. Claudia hatte einen Rucksack auf dem Rücken und die Hände frei. Sie nahm Janika auf den Arm. Wenn es um das Wohl ihrer »Babys« geht, haben Mütter doch ungeahnte Kräfte. Trotzdem beeilte ich mich. Wenn ich das Gepäck im Auto abgeladen habe, komme ich zurück, dachte ich und lief den Weg bergab voraus. Da machten sich die fast zwei Monate tägliches Fitnesstraining wieder deutlich bemerkbar. An die Rückenprobleme nach Seesackschleppen und Kind-auf-den-Schultern-Tragen im vergangenen Jahr versuchte ich gar nicht erst zu denken.

Ich schaffte es, Claudia auf der letzten Wiesenetappe zu entlasten, und so kam Janika vor allen anderen am Parkplatz an. Mit mir natürlich. Gut ging es ihr trotzdem nicht. Sie legte sich auf eine Luftmatratze zwischen die beiden Autos und im Nu war sie eingenickt. Claudia folgte mit Nike an der Hand. Maximes Weinen war verstummt. Sicher weil er, wie Janika, das allerletzte Stück auf den Schultern seines Vaters sitzen durfte.

Als Claudia unsere schlafende Tochter am Boden sah, wurde sie ähnlich blass wie Janika. »Was hat sie nur? Die Nase läuft nicht, die Augen sind nicht gerötet, keine Magen-Darm-Probleme. Was kann das sein?«

Wir waren ratlos. Bei mir hatte Janika über Kopfweh geklagt, aber das konnte auch vom Fieber kommen.

Es lag nicht allein an Janikas Zustand, dass der Abschied so traurig war. Es machte ihn aber irgendwie dramatischer. Wir verstauten sämtliche Taschen und Rucksäcke, die immerhin weniger voll waren als am Anfang, da Felix mir seine Tomatendosen und Nutellagläser da gelassen hatte. Als Letzte wurde Janika ins Auto gesetzt. Sie war im Halbschlaf, doch es reichte trotzdem für eine Umarmung und einen Kuss für mich.

Claudia vergoss sogar ein paar Tränen. Ich denke, es war die Anspannung wegen Janika und bestimmt auch ein bisschen Trauer darüber, noch sechs Wochen auf mich verzichten zu müssen. Wir drückten uns ganz fest, und ich konnte mir gar nicht vorstellen, gleich allein den Weg wieder hinaufzusteigen, um dort oben weiterzuwirtschaften wie vorher. Aber missen wollte ich den Besuch doch auf keinen Fall.

Alles mein Land

Zum Glück ist mir die Sonne geblieben, einen Tag zumindest noch. Ich koche mir einen Pfefferminztee, der sich Kopffrei-Tee nennt, und setze mich auf den Stuhl hinter dem Haus, wo wir gestern noch zusammen gesessen haben. Keine gute Idee. Kein freier Kopf.

Vielleicht sollte ich mal nach Gretelchen sehen. Ich stehe auf, ziehe die Trekkingschuhe an, da meine Wanderschuhe endgültig ihren Geist aufgegeben haben, und laufe ums Haus herum zum Pferch hinüber. Vielleicht kann mein Ziehbaby mich etwas vom Gedanken an mein echtes Baby ablenken. Gretel kommt mir entgegengelaufen. Sie ist so groß geworden mit ihrer dichten, heller werdenden Wolle um den Bauch. Gar kein richtiges schwarzes Lämmchen mehr. Eigentlich könnte ich sie laufen lassen, rüber zu den anderen Schafen. Sie braucht mich ja nicht mehr. Sie hat gelernt, Gras zu fressen, nicht zu viel und nicht zu wenig, und muss seit Kurzem ganz auf ihre Babymilch verzichten. Trotzdem kommt sie jedes Mal gierig angerannt, durchsucht meine Hände und Taschen nach Milchflaschen und saugt an allem, was ihr vor die Nase kommt.

»Nein, mein Kleines, es gibt keine Milch mehr. Du musst

nicht denken, dass nur weil Maxime noch Babymilch bekommt, du auch wieder zum Baby werden darfst. Du bist jetzt groß und hast so viel leckeres Gras um dich herum. Bald gibt es sogar noch mehr davon. Wenn du erst mal mit deiner Mama nach Scaradra wandern darfst. Vielleicht ist es dann auch Zeit für die neue Weide. Da hast du ganz viel unberührtes Gras, das du dir nur mit deinen zwölfhundert Brüdern und Schwestern teilen musst. Teilen bist du natürlich nicht gewöhnt. Ist schon klar. Aber das lernst du noch. Nur überfressen darfst du dich nicht. Denk dran!«

Ich erzähle Gretel und Woolite, was ich von Claudia erfahren habe: In unserer Zeitung zu Hause stand ein Artikel über ein Schaf, das Drillinge zur Welt gebracht hatte. So selten kommt das also vor, dass sie sogar in der Zeitung darüber berichten. »Leider heißt das Zur-Welt-Bringen ja noch nichts. Die Lämmer müssen auch überleben. Und das hat bei euch leider nicht geklappt. Aber wenigstens dem Gretelchen geht es gut, gell, meine Süße!«

Gretel drückt ihren Kopf in meine Armbeuge. Ich gebe ihr einen Kuss auf die feuchte Nasenspitze.

Ich glaube, so viel habe ich noch nie mit den beiden geredet. Das sind wohl die Nachwirkungen von all den plauderseligen Tagen mit meiner Familie. Jetzt ist ja niemand anders da zum Reden. Ich weiß, dass ich mich an die Einsamkeit wieder gewöhnen werde. Das ging bisher immer sehr schnell. Eine Nacht schlafen, und die Welt sieht schon anders aus. Eine weitere Nacht schlafen, und sie sieht sogar richtig gut aus. Und außerdem kann ich dann langsam anfangen, mich auf die Heimkehr zu freuen.

Jetzt mache ich mich erst einmal auf den Weg nach Scaradra. Die vertraute Marschroute. Soll ich meine beiden Schäfchen heute schon mitnehmen? Nein, heute Nacht brauche ich sie noch in meiner Nähe. Wobei die Hunde natürlich auch eine große Hilfe sind. Mit Don und Senta kann ich schmusen, solange ich will. Senta darf heute auch wieder in meinem Bett schlafen. Dann ist es nicht ganz so leer. Auch wenn sie weniger schmusig ist als Don, sie liebt die weichen Matratzen über alles.

Nach Scaradra nehme ich die Hunde mit. Man weiß ja nie. Dazu noch ein paar Flexinets, um die Weidefläche zu vergrößern.

Während ich so durch den Sonnenschein marschiere, geht es mir zusehends besser. Hier kenne ich mich aus. Das ist der Weg durch meine Heimat, von hier bis Scaradra, alles mein Land. Als ich den ersten Blick auf Scaradra werfen kann und meine Schäfchen vor mir sehe, fühle ich mich nicht nur geborgen, sondern auch ganz und gar nicht mehr einsam.

Mit den Wuschelköpfen wird mir nie langweilig. Und warum nicht? Das sehe ich auf den zweiten Blick. Weil ein paar Tiere mal wieder ihrem Sturkopf gefolgt sind. Dort oben, viel zu weit oben, wo sie gar nicht hinsollen, weder jetzt noch zu irgendeinem anderen Zeitpunkt des Sommers, tummeln sich etwa zehn Schafe und grasen munter ihre jüngst entdeckte unberührte Weide ab.

Oh nein! Muss ich da jetzt wirklich hoch? Mir geht es schon viel besser! So viel Ablenkung brauche ich wirklich nicht. Aber wie sieht es mit Don und Senta aus? Sollen wir's versuchen? Senta halte ich noch an der Leine, und Don schaut mich fragend an.

Na gut, ich riskiere es. »Don, go!« Senta zerrt schon an der Leine. »Okay, Senta, du auch. Aber ich will keine Eigenaktionen. Du hörst, wenn ich dir etwas sage, verstanden?« Senta bellt. Ich will mal hoffen, dass das ein zustimmendes Bellen ist.

Ich lasse Senta von der Leine, schaue zu Don hoch, sehe, dass er fast schon bei den Schafen angelangt ist, und schicke Senta hinterher. Mit wildem Gebelle, das nichts Gutes erahnen lässt, stürmt sie los und ist in wenigen Sekunden auf dem

Gipfel angekommen. Ich mag gar nicht hinsehen. Wenn das nur kein Fehler war!

Ein paar Minuten vergehen, in denen ich nicht erkennen kann, was dort oben passiert. Zumindest wird das Bellen nicht lauter, das ist jedenfalls beruhigend. Dann beobachte ich, wie es Don und Senta tatsächlich, zum ersten Mal, gemeinsam schaffen, die kleine Herde einzukreisen. Einmal schnappt Senta nach einem leckeren Schafsschenkel, aber das will ich mal übersehen. Schließlich ist nichts passiert. Mein Herz klopft trotzdem noch erschreckend laut, als die zehn Schafe heil wieder bei den anderen Herden angekommen sind.

Don und Senta verspreche ich ein ganz besonderes Leckerli. Das haben sie sich wirklich verdient. Aber erst zu Hause.

Vorher muss ich noch Flexinets aufstellen, die alten umstellen und die Weide vergrößern. Das zieht sich. Boden prüfen, genaue Strecke prüfen und so umstecken, dass die Schafe nicht unterdessen hindurchflutschen können. Alles hinterher noch einmal prüfen, um mich zu vergewissern, dass die Zäune auch wirklich fest im Boden stecken. Erledigt. Ein gutes Gefühl, wieder etwas mit den eigenen zwei Händen geschafft zu haben.

Zeitreise

Arbeit macht durstig. Ich gehe in die Hütte, die heute leer ist, und gieße mir ein Glas Wasser ein. Gegen die Langeweile oder traurige Gedanken nehme ich das Buch zur Hand, das auf dem Tisch vor mir liegt. Es ist mir noch nie aufgefallen, wahrscheinlich war es in irgendeinem Regal versteckt. Ein alter Bildband mit Fotos der Schweizer Alpen vom Anfang des zwanzigsten Jahrhunderts. Düstere Schwarz-Weiß-Aufnahmen, auf denen die Berge viel bedrohlicher wirken als heute vor meiner Tür im Sonnenschein. Finster ragen die Gipfel in den wolkenweißen Himmel. Hier und da eine spitze schwarze Tanne und dort, auf dem einen Bild, oberhalb der Tannen eine armselige Hütte. Dort hat, wenn ich das Italienisch richtig verstehe, der Hirte gewohnt. Einsam und karg.

Das erinnert mich an einen alten Mann aus dem Turtmanntal, den ich häufiger traf und der mir immer wieder gern davon berichtete, wie er selbst vor fünfzig Jahren als Hirte gearbeitet hatte.

Der alte Schäfer, der inzwischen um die achtzig war, kam eines Tages an meiner Hütte vorbei und bat mich um einen Schluck Wasser. Zwischen zwei Gläsern erzählte er mir von den Sommern seiner Jugend im Turtmanntal.

»Als chleiner Bub war ich immer hier mit den Schäfli und hab sie zusammen mit meinem Brudr gechütet. Nicht in diesr Hütte. Sie hat woandersch geschtanden. Dort drübn wars. Natürlich wars eine ganz andere Hütte, nicht so luxuriös, bei Weitem nicht. Wo denkscht du hin. Es war grad mal ein Steingemäur, groß wie ein Chühnerstall.«

In dem Steingemäuer, groß wie ein Hühnerstall, hatte der kleine Junge, der jetzt ein alter Mann war, gelebt. Ich konnte mir das gar nicht vorstellen. In seinem Schwyzerdütsch, das noch anders klang als Renés Schwyzerdütsch, erzählte er mir von der Hütte, die er sich mit seinem Bruder teilte und in der es nur eine Holzpritsche gab und eine raue, dünne Armeedecke. Einzige Wärmequelle war die Feuerstelle, wo er nur mit selbst gesammeltem Holz heizen konnte. Kein Wasser, keine Toilette.

»Das Wassr mussten wir hinauftragen von dort, wo es Wassr gegeben hat. Und kalt war es dort. So richtig kalt. Das kannscht du dir gar nicht vorstellen.«

Nein, das konnte ich nicht. Das wollte ich auch nicht. Schon mit meinem kleinen Ölöfchen habe ich oft genug gefroren. Dann erzählte er noch, und das glaubte ich ihm sofort, wie manchmal auch im Sommer draußen alles weiß war.

»Übrall Schnee. Im Auguscht alles vollr Schnee. Und du mittendrin mit fascht nichts Vernünftiges anzuziehen. Das war auf Dütsch gesagt arschkalt.«

Vor allem wohl, weil die Hütte nur ein Wellblechdach hatte und durch jede Ritze Schneestaub drang.

Was für einen Luxus ich heute genieße, und wie kärglich das Schäferleben früher war. Ich hörte dem alten Mann gespannt zu. Auch als Erwachsener hatte er noch manchen Sommer als Hirte gearbeitet. Später machte er dann eine Bäckerlehre, aber sein ganzes Leben blieb er seiner Alp treu und arbeitete in der Bäckerei unten im Ort, um jeden Sommer aufs Neue die geliebten Berge besteigen zu können.

Einmal bin ich nachmittags in die Richtung marschiert, in der angeblich seine Hütte lag. Vielleicht wollte ich mit eigenen Augen sehen, wie er dort gelebt hatte, oder einfach einen Beweis für seine Geschichte haben. Ich weiß es nicht mehr. Jedenfalls bin ich den Berg hinauf, den die Kühe beweideten, und noch ein Stück weiter. Ungefähr eine Stunde dauerte es, bis ich in die Gegend kam, von der der Alte berichtet hatte. Der Aufstieg war anstrengend, zahllose Geröllbrocken lagen herum und versperrten mir den geraden Aufstieg. Auch als ich oben war, musste ich eine ganze Weile suchen, bis ich irgendwo in der Ferne ein dunkles Pünktchen entdeckte, das aussah wie eine Holzkiste. Ich lief darauf zu, in meiner Euphorie sprang ich über den einen oder anderen Stein und stand nach einer weiteren Viertelstunde keuchend am Ziel. Da war sie nun, direkt vor mir, die alte Schäferhütte. Genau wie der Alte erzählt hatte. Ich fühlte mich wie auf einer Zeitreise. Natürlich war sie verfallen. Das Dach zerstört, die Tür gab es auch nicht mehr. Aber ich konnte durch die Öffnung hineingehen und mir vorstellen, wie es gewesen sein mochte, damals im winterlichen Sommer, in diesen armseligen vier Wänden. Die Feuerstelle war noch zu erkennen, und ich malte mir aus, wie die Hirten sich an ihr gewärmt hatten.

Ich kehre zurück ins Hier und Jetzt und mache mich auf den Rückweg nach Hause in meine gemütliche kleine große Hütte, in der ich mir heute mit Senta das Bett teilen werde.

Wieder allein

Fünfundzwanzigster August: Durchwachsene Tage liegen hinter mir. Es war klar, dass die Schönwetterperiode nicht ewig anhalten würde. Das hatte ich wirklich nicht erwartet. Aber zehn Tage Regen wären auch nicht nötig gewesen. Alles nass und grau, und wo der Gummistiefel hintrat, Matsch. Kein Ausruhen auf Felsen oder auf einem Stuhl vor der Hütte. Nur rasch die Wege abgehen, Schafe zurückscheuchen, die sich, das war der einzige Vorteil des nassen Wetters, selbst kaum von ihren Weideplätzen entfernten, dann wieder zurück und auf die Bank ans Feuer setzen. Die ewige Dunkelheit in der Hütte und draußen zehrte an den Nerven. Der einzige Vorteil: Ich hatte viel Zeit zum Lesen. Fünf Bücher habe ich schon geschafft. Aber so gern ich lese, nach zehn Tagen brauche ich mal Pause.

Gretel und Woolite habe ich fortgebracht. Das war ein schwerer Gang. Immerhin sind sie für mich noch nicht ganz verloren, und ich kann ihnen in regelmäßigen Abständen ein Küsschen auf die Nase drücken. Natürlich nicht mehr so oft wie hier. Woolite folgte mir bereitwillig nach Scaradra. Sie kennt die Wege aus den vergangenen Jahren und hatte vielleicht sogar Sehnsucht nach ihren Gefährtinnen. Aber Gretel verstand gar nicht, warum wir so weit von zu Hause fortgehen mussten. Sie war ja nichts anderes gewöhnt als ihren Pferch, mein Haus und die Wiesen ringsum.

Ich hätte die beiden auch länger hierbehalten können. Aber ich wollte, dass die Abnabelung langsam stattfindet. Denn wenn der Sommer vorüber ist, in spätestens einem Monat, werden wir uns gar nicht mehr zu sehen bekommen. Übrigens habe ich die Schafe nun auf den Torno geführt, einen runden Berg, den ich von meinem Küchenfenster aus hervorragend im Visier habe.

Bestimmt geht es Gretel gut. Als sie die vielen Schafe und Lämmer vor sich sah, versteckte sie sich erst einmal schüchtern hinter ihrer Mama. Aber kurze Zeit später tollte sie schon mit den gleichaltrigen Gefährten herum, wie es frohwüchsige Lämmer so tun. Sie rennen in einer Gruppe in eine Richtung, drehen sich ganz plötzlich um und rasen wieder zurück. Zwischendurch machen sie richtige Bocksprünge und werfen dabei die Hinterläufe in die Luft. Das sieht zu komisch aus. Es gibt kaum einen besseren Ausdruck von Lebensfreude.

Nur das Wetter dämpfte ihre Ausgelassenheit etwas.

Heute habe ich aber die Hoffnung, dass der Himmel endlich aufreißt. Es sieht ganz danach aus. Ich kann eine winzige blau schimmernde Lücke in der Wolkendecke erkennen. Wenn die Sonne nur schön weiterkämpft, schafft sie es vielleicht, dort hindurchzudringen.

Claudia, Felix und die Kinder sind heil zu Hause angekommen. Claudia hat mich am nächsten Tag angerufen und erzählt, dass Janika nicht der einzige Krankheitsfall war. Schon auf der Rückfahrt erwischte es Felix, der sich schlapp fühlte und dem übel war. Nicht so schlimm, dass er nicht Auto fahren konnte, aber immerhin. Maxime war auch nicht richtig fit, schlief und weinte viel. Nike hatte am Tag darauf Fieber und musste sich nach einer Portion Pommes mit Mayo übergeben. Claudia kämpfte ebenfalls mit Übelkeit, aber zum Glück erst, als sie wieder zu Hause waren. Was für einen merkwürdigen

Virus sie wohl aufgeschnappt haben? Mir ging es seltsamerweise bestens. Keine Spur von Krankheit. Aber vielleicht bin ich schon immun gegen alle möglichen Alpleiden.

Während ich so auf meiner Terrasse sitze und in den schwarzblauen Himmel mit hellblauen Tupfern blicke, klingelt mein Handy. Fahrradpeters Nummer. Fahrradpeter ist ein Freund von mir. Er hatte sein kleines Fahrradgeschäft neben meinem Fotogeschäft. Wir pflegten unsere gute Nachbarschaft, saßen manchmal abends bei mir in der Sitzecke, tranken ein Bier, plauderten über Tiere und Autos, tauschten Adressen von Heu- oder Holzlieferanten aus, und manchmal nahm ich auch das ein oder andere Fahrradpaket an, wenn Peter sich mal wieder in der ausgedehnten Mittagspause befand.

Sein Geschäft gibt es allerdings noch immer. Fahrräder sind schließlich noch nicht digitalisiert, können nicht in Eigenarbeit hergestellt werden, und man kann sie nicht bei dm kaufen. In einen Computer passen sie auch nicht hinein. Peter hat Glück. Außerdem hat er keine Angestellten und arbeitet nur mit seiner Mutter zusammen.

Er ist ein richtiges Original. Peter könnte ich mir auch auf einer Alp vorstellen. Mit der Hütte hätte er kein Problem, weil er das ganze Jahr über in einer Hütte lebt. In einem selbst gebauten Gartenhäuschen, das inzwischen sogar fließend Wasser hat und nahe Karlsruhe mitten auf dem Land liegt. Hinter seinem Häuschen hat Peter einige Wiesen, auf denen im letzten Jahr noch eine Schar Hühner herumliefen, die aber leider allesamt vom Fuchs geholt wurden. Inzwischen hat Peter Esel. Drei Stück. Am Anfang waren es zwei. Aber so ist der Lauf der Natur, vor allem, wenn man ein Männchen und ein Weibchen zusammenstellt. Bis Peter dem Treiben einen Riegel vorschob und wir in einer Gemeinschaftsaktion mit dem Tierarzt den männlichen Esel kastrierten.

Was für eine Arbeit! Der störrische Esel hatte keinerlei Interesse daran, sich nicht weiter fortpflanzen zu dürfen.

Aber mit vereinten Kräften schafften wir es. Jetzt wird es keinen Familienzuwachs mehr geben. Drei Esel, meint Peter, kann man durchaus noch in den Urlaub mitnehmen. Bei vier Tieren würde die Unterbringung schon problematischer sein. Zu diesem Zweck hatte er sich einen gebrauchten Range Rover gekauft und einen Hänger, der allerdings einmal mitten auf der Autobahn bei windigem Wetter umkippte. Zum Glück ohne Esel. Seither müssen die Esel zu Hause bleiben.

Peters Auto hat immer noch im Kennzeichen die Buchstaben IA. Übrigens, so nebenbei bemerkt, finde ich das erheblich einfallsreicher als all die Autos, die mit den langweiligen Initialen ihrer Besitzer umherfahren. Peter ist vollkommen uneitel. Im Sommer trägt er jeden Tag abgeschnittene Jeans, die so kurz sind, dass sie kaum die Unterhose bedecken, und je nach Wärme trägt er obenherum nichts bis gar nichts. Er hat es eben gern einfach und bequem.

Also, Fahrradpeter ruft mich an. In Karlsruhe besuche ich ihn zwar oft im Geschäft, aber seit ich auf der Alp bin, habe ich noch nichts von ihm gehört.

»Hallo Joe! Ich habe eine kleine Tour nach Italien gemacht und bin jetzt auf dem Rückweg. Sitze gerade am Lago Maggiore. Das ist doch nicht weit von dir, oder?«

Nein, der Lago Maggiore ist ganz in der Nähe. Na ja, bis man unten auf meinem Parkplatz gelandet ist, dauert es wahrscheinlich doch eine Stunde, und bis nach oben …

»Hi Peter! Schön, von dir zu hören«, antworte ich. »Der See ist nicht weit von hier, aber du musst halt ein Stück in die Berge reinfahren, und dann brauchst du noch eine Weile bis zu mir herauf. Aber du kannst gern kommen. Ich hole dich am Parkplatz ab. Du biegst in Aquila zum Lago Luzzone ab und nimmst danach zweimal den rechten Tunnel, fährst bis zum Stausee, dort über die Brücke und dann kommst du direkt auf mich zu.«

»Abgemacht. Ich melde mich rechtzeitig.«

Peter ist doch immer für eine Überraschung gut. Er kommt mich also mal schnell so zwischendurch besuchen. Ich hoffe nur, dass er nicht zu spät unten anlangt. Im Dunkeln den Berg raufkraxeln ist kein Spaß. Ich traue ihm zu, dass er erst noch einmal ausgiebig schwimmen geht und sich dann nach drei Kaffee und vier Sandwiches langsam auf den Weg macht. Trotzdem beschließe ich, mich nicht allzu weit von der Hütte wegzubewegen. Ich will ja nicht drei Stunden von Scaradra nach unten laufen müssen, nachdem mein Handy geklingelt hat. Also bleibe ich im Haus sitzen und lese. Und lese. Und lese. Kein Anruf. Nichts. Ich wusste ja, dass Peter sich Zeit lässt.

Es geht auf acht zu, als er sich vor dem ersten Tunnel bei mir meldet. »Hab mich verfahren. Aber bin jetzt wieder auf dem richtigen Weg. Jedenfalls stand gerade Lago di Luzzone angeschrieben.«

Na, wunderbar. Eigentlich ist es zu spät, um den Berg hinaufzusteigen. Es wird bald dunkel. Aber was hilft's. Ich mache mich an den Abstieg. Als ich unten bin und Peters alter Range Rover sich schließlich zu meinem Landy gesellt, dämmert es bereits.

»Servus, Joe!«, ruft Peter und umarmt mich aufs Herzlichste. »Wo ist jetzt deine Hütte?«

Ich zeige auf den Berg, ganz nach oben, wo man nichts mehr sieht als einen ausnahmsweise sternenklaren Himmel. »Siehst du, da oben, wo jetzt alles dunkel ist, und dann noch ein Stückchen weiter, dort ist meine Hütte. Im Finsteren dauert es vielleicht anderthalb Stunden bis oben.«

»Anderthalb Stunden? Das ist ja eine Ewigkeit!«

»Ja, aber falls du dich erinnerst, ich habe dir gesagt, dass es eine Ewigkeit dauert, bis du oben bist. Sei kein Weichei, und komm einfach mit.«

Ich packe Peter am Arm und führe ihn mitsamt seinem im Vergleich zu Felix' Mammutgepäck lächerlich kleinen Rucksack den Weg hinauf. Wir müssen genau achtgeben, wohin wir treten. Das ist gar nicht so einfach. Außerdem sind die Pfade noch schlammig vom Regen der letzten Tage. Wie gut, dass ich mich inzwischen hier auskenne wie in meiner Westentasche.

Ich schlage ein eher zügiges Tempo an, weil es mich nach Hause an den warmen Ofen drängt. Peter kann kaum mithalten, hat aber keine Wahl. Zwischendurch machen wir kurze Pausen, in denen er etwas verschnauft und mir von seinem Urlaub in der Toscana berichtet, wo er ein paar Städte besichtigte und ansonsten unter Pinienbäumen saß und seine Esel vermisste.

»Ist es noch weit?«, keucht er alle paar Meter zwischen zwei heftigen Atemstößen.

»Nur noch hier durch den Wald, dann bis zum Brunnen und danach das letzte Stück die Wiese hinauf; von dort kannst du meine Hütte auch schon sehen.«

Oben angekommen lässt sich Peter auf die Sitzbank vor dem Ofen fallen und sagt erst mal gar nichts. Nach einer Weile grinst er: »Wenn ich gewusst hätte, wie weit man hier hochlaufen muss, wäre ich nicht vorbeigekommen.«

Tja, für Reue ist es zu spät. Ich werde ihn schon noch davon überzeugen, dass sich die Kletteraktion bei Nacht und Nebel gelohnt hat. Mit einem Schluck Rotwein aus dem Tetrapak, der noch vom Besuch übrig ist, kann ich ihn ein wenig besänftigen. Wir plaudern über alte Zeiten, und Peter erzählt mir von seiner letzten Beziehung, die leider kürzlich in die Brüche gegangen ist. Aber wir sind Männer und reden nicht stundenlang über enttäuschte Gefühle und verlorene Leidenschaften. Das Thema wird kurz abgehandelt und weiter geht's.

Mit Peter zu reden bringt mir nicht die Großstadt auf die

Alp. Das ist eigentlich ganz angenehm, vor allem weil es nicht dazu beiträgt, das Heimweh zu schüren. Er ist eher jemand, mit dem ich stundenlang das Getriebe eines Traktors durchdiskutieren kann oder Eigenheiten seines Heulieferanten, den ich auch kennengelernt habe, weil wir dort einmal das Heu für unsere Schafe gekauft haben.

Geschäftlich geht es Peter nicht schlecht, auch wenn es natürlich besser laufen könnte, wie bei jedem Unternehmer. Zum Glück ist er ja alles andere als anspruchsvoll. Von Luxusgütern hält er nichts.

»Ich hab mein Häuschen übrigens ausgebaut. Wenn man's genau nimmt, hab ich mein Haus verdoppelt und ein zweites Häuschen dazugekauft. Mein Nachbar ist umgezogen und hat seine Gartenhütte loswerden wollen. Es war echt ein Schnäppchenpreis. Jetzt habe ich sogar eine Gästewohnung oder einen Platz für meine Tochter, wenn sie mal keine Lust mehr hat auf Großstadt.«

Peters Tochter ist erwachsen. Sie lebt in der Wohnung in der Stadt, die er selbst früher bewohnt hatte, bevor er sich in seine Gartenhütte zurückzog.

»Aber weißt du, wovon ich immer träume? Wenn ich genug Geld zusammenhabe, dann kaufe ich mir ein kleines Haus in Frankreich. Mitten auf dem Land. Mit meinen Eseln und anderen Tieren und allem, was so dazugehört.«

»Du kannst auch auf die Alp ziehen. Da bist du auf dem Land, hast Tiere um dich herum und verdienst im Sommer sogar noch Geld.«

»Ist mir zu anstrengend. Einsamkeit schön und gut, aber ich will ja nicht zwei Stunden bergwandern, wenn ich mal ein Bierchen oder ein Glas Wein trinken will. Nein, ich glaube, da ist Frankreich für mich der bessere Ort. Ob du's glaubst oder nicht, lieber heut als morgen würde ich die Zelte in Deutschland abbrechen.«

»Und was hindert dich daran?«

»Was einen immer so daran hindert. Die Unsicherheit. Der innere Schweinehund. Meine Tochter vielleicht. Obwohl die wahrscheinlich bald heiratet und ihren alten Papa dann nicht mehr braucht. Außerdem geht's mir ja eigentlich gut. Hab 'ne tolle Hütte, süße Esel, ein nettes Geschäft, zwei Stunden Mittagspause, montags frei und mindestens zwei Monate Urlaub im Jahr. Was will man mehr?«

Damit ist das Thema Auswandern wieder vom Tisch und das Holz im Ofen fast heruntergebrannt. In den letzten Wochen muss ich etwas sparsamer damit umgehen. Ich weiß nicht sicher, wie lange der Vorrat noch reicht.

Peter soll in meinem schönen Bett schlafen, und ich ziehe vorübergehend in die Baracke. Will er aber nicht.

»Ich verdränge dich doch nicht aus deinem Bett. Wo denkst du hin? Ich kann es mir ja übermorgen wieder bequem machen.«

Mit mir gemeinsam würde er schon in meinem Bett schlafen. Aber dann hätte ich keine Ruhe. Es ist immer dasselbe mit Besuch (von Claudia und Janika abgesehen). Ich freue mich einerseits, jemanden zum Plaudern bei mir zu haben, und weiß die Abwechslung durchaus zu schätzen. Aber andererseits stört es mich auch in meiner Einsamkeit. Ich kann mich nicht so frei bewegen, muss mich einschränken, Gastgeber spielen. Alles Dinge, die mir daheim nichts ausmachen. Zu Hause möchte ich nicht allein leben, habe es auch nur selten getan, aber hier bin ich ein Einsiedler, ein anderer Mensch in einer anderen Welt. Es sind so gewisse Eigenheiten, die man sich angewöhnt, seien es nun die nächtlichen Toilettengänge, die auf der Alp, vielleicht kältebedingt, öfter nötig sind, oder das knappe Frühstück oder Senta in meinem Bett oder das frühe Schlafengehen oder was auch immer.

Natürlich schlafe ich dann doch in der Baracke. Brrr… ganz schön kalt. Aber die Betten sind gar nicht so unbequem. Eigentlich ist alles gut, auch wenn … Eingeschlafen.

Am Morgen freue ich mich schon wieder über meinen Besuch. Peter kann mich begleiten auf meinem Patrouillengang, das heißt, er könnte, wenn er wach wäre. Ist er aber nicht. Daran ändert auch mein lautes Hantieren mit der Klospülung oder mit den Töpfen nichts. Na schön, lasse ich ihn noch schlafen. Er hat schließlich Urlaub. Ziehe ich halt wieder allein los.

Das Wetter ist durchwachsen. Keine Regenschauer oder Gewitter in Sicht, aber doch viele Wölkchen am Himmel. Immerhin kein Schnee.

Alles ruhig um mich herum. Keine weißen Pünktchen auf den Wiesen. So langsam muss ich den Rückweg der Schafe vorbereiten. Außerdem muss ich die Zäune noch weiter umstecken. Aber das erledige ich lieber, wenn Peter wieder weg ist. Während ich Besuch habe, beschränke ich die Arbeit auf das Nötigste.

Als ich zurückkomme, schläft Peter immer noch. Da er nur einen Tag bleiben will, wäre es doch schade, wenn er diesen einen Tag komplett verschläft. Also bin ich so laut wie möglich und ein (wirklich zufällig) heruntergefallenes Brotmesser schafft es am Ende auch, ihn zu wecken. Das Anziehen dauert in seinem Fall erwartungsgemäß nicht allzu lange, und wir können beim Frühstück ziemlich schnell unsere Tagesplanung beginnen. Die weißen Wolken sind inzwischen zu grauen Wolken geworden, aber es regnet noch nicht.

Peter weiß auch schon genau, wie er diesen Tag auf der Alp verbringen möchte. Wenn man hinter dem Haus in die Berge hineinschaut, findet man ganz weit hinten eine Hütte. Mit dem bloßen Auge ist sie kaum zu erkennen, aber mit dem Fernglas kann man den Schornstein und den Eingangsbereich sehen. Ich habe ihm gestern Abend erzählt, dass die Hütte bewirtschaftet ist und für Wanderer eine warme Mahlzeit bereithält. Ich selbst bin noch nie dort gewesen. Aber genau dieses Ziel hat sich Peter in den Kopf gesetzt.

»Mensch, Joe, wir gehen heute mal richtig lecker essen. Komm, ich lade dich ins Bergrestaurant ein. Es wird Zeit, dass du mal wieder unter Leute kommst.«

An und für sich eine nette Idee, nur leider kaum umsetzbar.

»Hast du eine Ahnung, wie lange wir brauchen, bis wir bei deinem Restaurant gelandet sind?«

»Kann ja so weit nicht sein. Man sieht es doch von hier aus.«

Mir ist klar, dass Peter Entfernungen in den Bergen nicht so gut einschätzen kann. Woher sollte er auch? Ich tippe, dass wir für den Hin- und Rückweg mindestens einen Tag brauchen würden.

»Das schaffen wir nie, Peter. Wir sitzen vielleicht am späten Nachmittag vor der Rindsroulade mit Spätzle und Pils, und dann müssen wir den ganzen Weg ja auch wieder zurück.«

»Ach was, lass es uns wenigstens versuchen.«

Na schön. Der Gast ist König und des Menschen Wille …

Ich nehme sicherheitshalber Marschverpflegung mit, damit wir uns wenigstens unterwegs stärken können. Bis zur Hütte schaffen wir es ohnehin nicht.

In diese Richtung gehe ich selten. Der Weg verläuft erst einmal recht steil bergab, und genau das macht die Strecke auch so weit. Aber Peter soll sich selbst davon überzeugen. Und ich folge einfach der Weisheit des Konfuzius: Der Weg ist das Ziel.

Wenn nur das Wetter etwas schöner wäre. Nach einer halben Stunde fängt es an zu regnen, und ich wage noch einmal einen Versuch, Peter von der Sinnlosigkeit unseres Tuns zu überzeugen.

»Ach was, die paar Tropfen sind doch kein Problem.«

Nach einer weiteren halben Stunde haben sich die paar Tropfen zu einem gleichmäßigen Landregen ausgeweitet, der kontinuierlich auf uns herunterregnet und Peters Übergangsjacke nach einer weiteren Viertelstunde fast vollständig durchweicht hat.

»Vielleicht sollten wir doch umkehren und uns zu Hause etwas Feines kochen. Bei dem Wetter ist der Weg wohl tatsächlich zu weit.«

Endlich. Schade, dass Peters einziger Tag auf der Alp verregnet ist, aber wenn wir jetzt umdrehen, schaffen wir es wenigstens, seine Kleider bis morgen früh wieder zu trocknen.

Auch der Rückweg ist nicht besonders erfreulich. Aber Peter und ich unterhalten uns trotzdem ganz gut. Wir nutzen die Zeit, Abendessen mit Vorspeise, Hauptgericht, Nachtisch und passenden Getränken zu planen. Wir wollen uns einen gemütlichen Nachmittag und Abend am »Lagerfeuer« machen. Es fehlt nur noch ein leckerer Kuchen, den Peter zu gern backen würde, aber dafür steht uns leider kein geeigneter Ofen zur Verfügung.

Also gibt es Kaiserschmarrn aus der Tüte. Auch nicht zu verachten. Ein Paket Apfelmus dazu. Hmm! Abends essen wir Bratkartoffeln, ebenfalls Tütenware, gebratenen Fleischkäse aus der Plastikhülle und dazu Gemüse aus einer Dose, die uns Felix dagelassen hat. Erbsen und Möhren, feinste Auslese. Für meine Verhältnisse ein richtiges Festmahl. Ein Schlückchen Wein dazu, und es bleiben keine Wünsche offen.

»Das ist doch viel besser, als in irgendeiner bewirtschafteten Hütte irgendwelchen halbgaren Lammbraten zu verzehren«, versucht sich Peter zu trösten.

Essen macht Spaß. Und noch mehr Spaß macht es in Gesellschaft. Das merke ich jetzt schon. Bei mir gibt es unter der Woche höchstens Fertiggerichte oder Nudeln mit Sauce oder auch mal einen Teller Milchreis. Den muss ich hier essen, weil Claudia ihn nicht mag.

Als Nachtisch schlagen wir uns eine Paradiescreme Schoko

mit dem Schneebesen. Das geht auch ohne Mixer. Ist zwar
etwas flüssiger, schmeckt aber trotzdem gut. Hinterher sind
wir pappsatt und Peter beginnt, dem Alpaufenthalt mehr
und mehr abzugewinnen. Jetzt bedauert er es sogar, dass er
am nächsten Morgen schon wieder aufbrechen muss in Richtung Heimat.

»Am Montag steht meine Mutter vor dem Geschäft und
wartet darauf, dass ich ihr aufschließe. Da ist leider nichts zu
machen. Außerdem will ein Stammkunde sein Mountain-
bike abholen, mit dem er zu einer Alpenüberquerung starten
will. Aber ich bin trotzdem froh, dass ich dich besucht habe.
War echt ein Erlebnis. Trotz Regen und stundenlangem
Aufstieg.«

»Das wär jetzt nichts für mich. Mit dem Fahrrad über die
Alpen. Nein danke! Mit dem Landy über die Passstraßen –
gern, aber sich abstrampeln muss nicht sein.«

Peter sieht das genauso. »Anstrengung ja, aber in Maßen.
Obwohl, mit so einem E-Bike wär das Ganze natürlich
denkbar.«

Ich wundere mich, weil sich Peter sonst immer über die
E-Biker lustig gemacht hat, die einen pseudo-sportlichen
Eindruck hinterlassen wollen, aber in Wirklichkeit kaum die
Beine bewegen müssen.

Erst gegen Ende des Abends kommen wir von unseren ty-
pischen Outdoorthemen auf die Gefühle zu sprechen. Peter
will wissen, ob man sich verändert, wenn man drei Monate
hier oben lebt. Eine Frage, die ich ihm ohne die zwei Gläser Wein vielleicht nicht so leicht beantworten könnte. Vielleicht würde mir auch gar keine Antwort einfallen.

Und jetzt? Es hilft nichts, ich muss weit ausholen.

»Ich würde schon sagen, dass du hier ein ganz anderer
Mensch wirst. Das ist einfach so. Viele Dinge, an denen du
hier Spaß hast, würdest du im Tiefland nicht machen, weil
du stattdessen so viele andere Dinge machen kannst. Lesen

zum Beispiel. Obwohl ich es total genieße, hier sieben Bücher zu lesen, schaffe ich daheim kaum ein einziges Buch im Monat. Oder Wandern. Ich gehe zwar regelmäßig mit den Hunden spazieren, aber eine Wanderung würde ich freiwillig nicht machen. Oder die Einsamkeit. Ich liebe die Einsamkeit hier oben. Aber zu Hause sitze ich am liebsten abends neben meiner Freundin auf dem Sofa.«

Während ich rede und gestikuliere, merke ich, dass Peters Frage einiges aufwühlt. Natürlich verändert man sich. Nicht erst in diesem Sommer, sondern in allen drei Sommern zusammengenommen ist etwas mit mir passiert. Ich bin ruhiger geworden. Gelassener. Ich rege mich nicht mehr auf über Dinge, die ich ohnehin nicht ändern kann. Früher war ich ein leicht cholerischer Mensch. Davon konnten meine Angestellten ein Lied singen. Ich war nett und kumpelhaft, aber wenn sie mich so richtig geärgert haben, bin ich geplatzt. Das war die letzten Jahre zwar schon besser, aber jetzt ist dieser Zug an mir vollkommen verschwunden.

Die Alpzeit hat mir über den Verlust des Geschäfts hinweggeholfen, die vielleicht schwerste Zeit meines Lebens erleichtert. Hier oben relativiert sich eben vieles: die Probleme in der Großstadt, die Meinungen anderer Menschen und auch das Konsumbedürfnis. Das Bewusstsein für die wesentlichen Dinge wird geschärft. Man sieht klarer, worum es im Leben geht. In meinem Fall ist es die Liebe zu meiner Familie. Und ich möchte mit der Natur in Einklang leben, mich der Natur anpassen. Die elementaren Freuden genießen, gutes Wetter, gesunde Schafe, folgsame Hunde oder einfach das schlichte Überleben. Die Freude über einen Sonnentag zum Beispiel bewegt mich heute viel stärker, als es die Freude je könnte, einen neuen Jaguar zu besitzen.

Dabei hat es eine Zeit gegeben, in der ein Jaguar für mich das Größte war. Als ich mir dann tatsächlich einen leisten konnte, war ich mächtig stolz. Tja, und jetzt ist er weg. Was soll's? Mein alter Landy ist sowieso viel praktischer. Überhaupt ändert sich die Einstellung zum Geld. Hier oben gibt es kein Geld. Geld ist vollkommen irrelevant. Man braucht es nicht. Man kann es nicht ausgeben. Es fehlt einem auch nicht. Das ist erholsam.

»Weißt du was? Für Kinder wäre es genau das Richtige, hier oben aufzuwachsen. Sie würden nicht in jedem einzelnen Geschäft stehen und um eine neue Barbie oder einen Lutscher betteln. Bei Janika merke ich, dass sie sich über Geschenke auch gar nicht mehr richtig freut. Trotzdem kommst du nicht um den Konsum herum, weil es überall etwas zu kaufen gibt und weil alle anderen Kinder auch tausend Spielsachen haben. Da nützt es nichts, wenn wir an unsere Kindheit denken und uns mit den Kindern von heute vergleichen. Was es nicht gibt, kann man nicht vermissen.«

Peter hat aufmerksam zugehört und stimmt mir im Prinzip zu. Aber für ihn sind gerade weder die Wünsche von Kleinkindern noch der allgegenwärtige Konsumzwang ein drängendes Problem.

Er erzählt von einem Bekannten, der als Entwicklungshelfer in Afrika lebt und bei seinen seltenen Besuchen in der Heimat ziemlich genervt davon ist, worüber wir uns den lieben langen Tag aufregen. Angesichts von Hunger, Krankheit und Gewalt werden kleine Streitereien mit dem Partner oder der Eifer, Kalorien zu sparen, vollkommen nichtig.

Wir philosophieren noch ein wenig darüber, wie man die Welt ändern könnte, kommen aber zu dem Schluss, dass wir nur uns selbst ändern können. Das ist eine gute Erkenntnis, um die Nacht zu beginnen.

DER COUNTDOWN LÄUFT

Neunter September: Der Alpsommer nähert sich seinem Ende, was unschwer zu erkennen ist beim Blick aus dem Fenster: alles weiß. Nicht gesprenkelt weiß wie damals im Juni, sondern komplett weiß. Nur hier und da ragt ein grüner Halm durch die Schneedecke. Ich hoffe nur, dass die Sonne noch genügend Kraft besitzt, um den Schnee zu schmelzen. Für den Abtrieb können wir solches Wetter nicht gebrauchen, und Ski oder Snowboard habe ich leider nicht dabei.

Den Hunden macht es Spaß. Sie tollen herum und kommen mir vor wie übermütige Kinder.

Die Wege vom Torno zum letzten Aufenthaltsort der Schafe vor dem Abtrieb sind beschwerlich. Sie grasen jetzt genau auf der Wiese, auf der Janika und Nike ihr Steinmuseum eingerichtet haben. Ich habe es wiedergefunden, und es sieht noch genauso aus, wie die Mädchen es zurückgelassen haben.

In einer Großaktion führe ich die Tiere von ihrer Weidefläche auf dem Torno hinüber ins Tal. Und zwar bei leichtem bis mittelschwerem Schneefall.

Zum Glück hat das Wetter die Schafe etwas eingeschüchtert, und ich muss mich nicht um wilde Ausreißer kümmern, die mir zusätzlich Mühe machen würden. Das Problem ist mal wieder die fehlende Unterstützung von Renzo und seinen Schäferkumpels. Erst muss ich auf den Torno hinaufkraxeln und die Schäfchen heruntertreiben. So weit, so gut. Aber was geschieht, wenn sie unten ankommen? Sie könnten den Weg rechts entlang laufen oder den Weg links entlang. Dann ginge es ruck, zuck den nächsten Berg hinauf, und ich müsste hinterher. Aber ich habe Glück. Die Masse von ihnen marschiert Schaf auf Schaf in die richtige Richtung. Trotzdem muss ich unterhalb des Gipfels parallel zum unteren Pfad weiterlaufen und ein paar versprengten Tieren sofort wieder den Weg weisen. Dann mit dem Fernglas alles absuchen, ob nicht zwei, drei oder vier Schafe ganz in Ruhe irgendwo grasen.

Wider Erwarten läuft alles planmäßig, was mir aber auch zu denken gibt. Heißt es nicht immer, wenn die Generalprobe reibungslos verläuft, gibt es Patzer bei der Aufführung? Ich bin gespannt auf den Abtrieb. Aber noch habe ich über zwei Wochen Zeit.

Die aufwendigste Aufgabe, die mir jetzt noch bleibt, ist das Verlegen eines langen Zaunes. Er soll verhindern, dass die Schafe sich ins Hinterland in Richtung Nachbaralp bewegen und dort auf Wanderschaft gehen. Die schweren Zäune durch den Schnee zu schleppen ist enorm anstrengend. Aber es muss sein. Ich will ja nicht, dass sie mir gegen Ende des Sommers noch ausreißen, wo ich sie so schön zusammengehalten habe die ganze Zeit. Dieses Jahr ist bisher keines meiner Tiere abgestürzt. Toi, toi, toi, ich klopfe auf Holz. (Nicht, dass ich abergläubisch wäre, aber man weiß ja nie.)

Wenn der Schnee liegen bleibt, werde ich wohl ein Problem haben, denn solange das Futter unter Schnee versteckt ist, fehlt es an Nahrung. Aber erfreulicherweise sehe ich schon irgendwo dahinten, wie sich die Sonne ihren Weg bahnt. Renzo hat mich am Telefon auch beruhigt.

»Non ti preoccupi, nix viel neve in settembre!«, mach dir keine Sorgen, hat er erklärt, und ich glaube ihm das mal. Übrigens habe ich das in meinen vergangenen beiden Alpsommern auch niemals erlebt. Also bin ich optimistisch.

Ansonsten hat mich einerseits eine innere Unruhe wegen der nahenden Abreise erfasst. Andererseits will ich die letzten Wochen nutzen, um die friedliche Bergwelt zu genießen, und unbedingt noch meinen letzten Krimi zu Ende lesen, sozusagen als spannendes Kontrastprogramm. Es ist so eine Art stimulierender Unruhe, die mich erfüllt. Ich zähle die Tage nicht nur, weil ich mich auf das Wiedersehen mit meiner Familie freue, sondern auch aus Angst, dass sie zu schnell vorüber sein könnten. Das Ziel vor Augen, habe ich es plötzlich gar nicht mehr so eilig.

Trotzdem rückt die Zivilisation näher. Bald werde ich mich wieder mit ganz anderen Dingen auseinandersetzen. Ich werde Aufträge als Fotograf an Land ziehen müssen, Klinken putzen bei meinen alten Stammkunden und endlich meine Internetseite auf Vordermann bringen. Leider fehlt mir noch das richtige Programm und vor allem jemand, der es mir erklärt. Die Hochzeitssaison habe ich wieder einmal verpasst. Schade, eigentlich habe ich in den letzten Jahren fast alle Termine absagen müssen. Keine Bräute in wallenden weißen Kleidern, keine weinenden Mütter und Väter und aufgeregten Bräutigame. Hochzeitsreportagen haben mir immer Spaß gemacht. Weniger gern mochte ich die gestellten Fotos. Dafür waren im Geschäft eher meine Mädels zuständig. Sie konnten die Eheleute so richtig betütteln. Da bin ich doch eher der Industriefotograf, auch wenn Claudia das nicht gern hört. Dann werden wieder neue Vorstände großer Aktiengesellschaften Fotos für die Mitgliederzeitschrift und den Internetauftritt benötigen, oder vielleicht gibt wieder einmal eine Tiertrainerin Bilder für ihre Homepage in Auftrag, so wie Sentas Lehrerin in diesem Jahr.

Das alles erwartet mich. Aber es erwartet mich auch unser gemütliches breites Sofa, auf dem ich mich erst einmal eine Woche ausruhen werde. Na, das mache ich sehr wahrscheinlich nicht. Aber träumen darf man doch wohl …

Sechsundzwanzigster September: Montag. Der erste Tag
der Abtriebswoche. Am Samstag werden die zwölfhundert
Schafe unten am Stausee von ihren Besitzern in Empfang
genommen. Für mich fängt die Arbeit aber heute schon an.
Und zwar damit, dass ich die achtzig Schafe, die es sich wieder in Scaradra gemütlich gemacht haben, einsammle. Es
sind immer dieselben, mit der blauen Marke auf dem Fell.
Sie fühlen sich dort einfach am wohlsten. Dieses Jahr habe
ich ihnen den Willen gelassen. Man wird eben ruhiger mit
den Schäferjahren. Der Schnee ist tatsächlich geschmolzen, und in den Mittagsstunden spüre ich sogar noch einen
Hauch sommerlicher Wärme.

Nach den Scaradra-Schafen kommt die Gruppe an die
Reihe, die sich nicht vom Torno trennen konnte. Das sind
ein paar ganz vorwitzige Tiere, die sich unten prompt in die
falsche Richtung auf den Weg machen.

Aber mithilfe von Don und Senta habe ich irgendwann
rund hundert Schafe bei mir vor dem Haus eingepfercht.
Dann folgt die Station Steinmuseum. Alle werden zusammengetrieben und spazieren im Gänsemarsch denselben
Weg entlang, den wir mit den Kindern gelaufen sind. Leider
zeigt mir mein Fernglas, dass drei einzelne Schäfchen hoch
oben auf dem Gipfel stehen und frech zu uns herunter-
schauen: Ätsch, ihr bekommt uns nicht! Manchmal hasse ich
diese angeblich so lammfrommen Tiere. Man sollte wirklich
Herrn Brehms Beitrag über das Verhalten von Schafen in
Gefangenschaft gründlich revidieren.

Im Moment bleibt mir wohl nichts anderes übrig, als auf
diesen wunderbaren Gipfel zu klettern, zu dem nicht einmal
Schafstrampelpfade hinaufführen. Geröll liegt unter meinen
Füßen, nicht das kleinste Fleckchen Wiese. Ob hier überhaupt einmal ein Mensch hingekommen ist? Wahrscheinlich

schon, weil Menschen schließlich überall hinkommen, wenn sie nur wollen. Es ist gefährlich. Ich rutsche leicht aus auf den Steinen. Ich nehme die Hände zu Hilfe, um mich vorwärtszubewegen, klammere mich an dürren Sträuchern fest und spüre eine stetig wachsende Verzweiflung in mir. Wie gut, dass mich jetzt niemand sehen kann. So gar nicht elegant und souverän. Aber auf diese Weise schaffe ich es ganz nach oben, sogar noch ein Stück höher als die Ausreißer. Ich schleiche mich an sie heran. Ohne Hunde. Die habe ich sicherheitshalber bei der Hütte gelassen. Wer weiß, ob mich Senta sonst nicht wieder dem Tod nahegebracht hätte. Da hinten sind die drei Bergschafe. Natürlich, Bergschafe, was auch sonst.

Wie ein Indianer umrunde ich die drei (wegen dreier kleiner Schafe diese ganze Aktion!), stoße dann plötzlich vor und überrasche sie von hinten. Im Laufschritt bewegen sich die Schafe den Geröllhang hinunter. Dass ihnen dabei nichts passiert, ist schon erstaunlich. Dass mir nichts passiert, ist noch erstaunlicher. Aber irgendwie kommen wir alle vier gesund und munter unten an. Die drei bringe ich jetzt gleich in den Pferch vor meinem Haus. Nicht, dass sie mir noch einmal ausbüxen.

Mich bringe ich in die Hütte und vor den Ofen, in dem ich sofort das schwelende Feuer anfache. Wie gemütlich. Nach einer großen Portion Milchreis aus der Tüte mit angerührtem Himbeersaft für mich und einer Schüssel Trockenfutter für die Hunde nutze ich die Gelegenheit, um zwanzig Seiten in meinem Krimi zu lesen. Ich bin erst bei der Hälfte angelangt. Aber ich will unbedingt wissen, wie es ausgeht, bevor ich nach Deutschland zurückkehre. Als mir die Lider schwer werden und das Kinn immer wieder auf die Brust sinkt, ziehe ich um ins Bett. Vorher noch Hände und Gesicht waschen und Zähne putzen. Zu mehr bin ich nicht in der Lage. Ich krieche in den Schlafsack, spüre Sentas wohltuende Wärme an meinen Füßen und fange an zu träumen, von blökenden Schafen, kläffenden Hunden und lachenden Murmeltieren.

Dienstag. Anruf von Renzo, den die Käsefrau informiert hat, dass eine Gruppe von Schafen in Richtung Parkplatz gelaufen ist und dort schon freudig ihren Besitzern entgegenfiebert. Auch das noch! Hätten sie nicht noch fünf Tage warten können? Auf dem Parkplatz dürfen sie auf keinen Fall bleiben. Auf den Wiesen unten auch nicht. Die sind für die Kühe reserviert. Schließlich haben alle Tiere ihre eigenen Weideplätze. Wo kämen wir denn hin, wenn die Schafe den Kühen das Futter wegfressen!

Also packe ich schon mal ein paar Kleider und Bücher in den Rucksack und mache mich auf den Weg. Wie oft ich hier in den letzten Monaten runter- und direkt wieder raufgelaufen bin, kann ich gar nicht mehr zählen. Aber ohne Kinder und ohne Peter geht es immerhin deutlich schneller. Seit Peters Besuch war ich nicht mehr beim Auto und hatte es eigentlich auch heute nicht vor. Es sind zehn oder elf Schafe, die mich erwarten. Dieses Mal habe ich Don dabei, der ihnen munter den Weg bellt. Das funktioniert reibungslos. Also laufen wir die Wiese hinauf und marschieren dann schön geordnet weiter durch den Wald, an den Steinbrüchen vorbei zum Brunnen und den letzten steilen Berg hinauf zu meiner Hütte.

Nach dem Tal muss ich mich nun wieder den Bergen zuwenden. Scaradra ist schafsfrei, Torno ist schafsfrei. Aber auf dem Berg dazwischen, von dem ich den Namen nicht weiß, dort, wo letztes Jahr das Schaf abgestürzt ist, sehe ich noch ein paar Wollknäuel. Ich steige hinauf, gehe alles ab, finde fünf einzelne Schäfchen und treibe sie in mein Tal hinunter.

Mittwoch. Renzo kommt endlich herauf.

»Ciao, Joe, come stai?«, ruft er mir entgegen, und wir umarmen uns. Bis Samstag wird er mir Gesellschaft leisten.

Für mich weniger ein Problem als für die Hunde, für die ab jetzt wieder das Wohnungsverbot gilt.

Unsere Gespräche sind ein Mischmasch aus Italienisch und Deutsch, von dem ich das eine radebreche und Renzo das andere. Es ist irgendwie einfacher, wenn Reto und Mauro dabei sind. Dann fällt es nicht ganz so auf, wie viel ich verstehe oder nicht verstehe.

Wie immer befragt mich Renzo nach meiner Familie und möchte wissen, wie der Besuch verlaufen ist. Eigentlich wollte er Claudia endlich einmal kennenlernen, aber ausgerechnet in der Woche, in der sie hier war, hatte er beruflich zu viel zu tun, um sich der Familie seines Schäfers zu widmen.

Wir verzehren Brot mit fettiger Salami. Beides hat Renzo mitgebracht. Endlich wieder frisches Brot. Unglaublich, wie lecker das schmeckt! Langsam bekomme ich ein bisschen Vorfreude auf die Dinge, die mich im Tiefland erwarten.

Aber vorher ist noch einiges zu erledigen.

Donnerstag. Renzo und ich versuchen, die Schafe durchzuzählen, die sich inzwischen vor meiner Hütte versammelt haben. Gretel und Woolite sind auch dabei. Zum Glück. Gretel freut sich richtig über ihre Rückkehr in die Heimat. (Sie ahnt ja nicht, dass ihre künftige Heimat ganz woanders liegt. Ich weiß selbst nicht, wo.) In ihrer Freude kehrt auch die Erinnerung an die leckere Babymilch zurück, die sie ein bisschen aggressiv von mir fordert. Tut mir leid, Gretelchen, aber dafür bist du nun wirklich zu alt.

Nach einem groben Zählen aller Schafe, das vielmehr ein Abschätzen ist, kommt es uns vor, als würden vierzig oder fünfzig Schafe fehlen. Renzo und ich laufen alle uns bekannten Schafswege ab. Nichts. Wir gehen sogar noch einmal bis zum Parkplatz hinunter. Ich fürchte nämlich, ich habe gestern einen Teil der ausgebüxten Herde übersehen. Nichts. Vielleicht haben wir uns getäuscht. Da bleibt uns nur, zu warten, bis die Schafe nach dem Abtrieb an den Schleusen von ihren Besitzern genau durchgezählt werden.

Ansonsten genießen wir das Wetter, das für die Jahreszeit wieder erstaunlich mild ist. Renzo und ich gönnen uns sogar eine Mittagspause vor dem Haus. Übrigens schlafe ich jetzt wieder in der Baracke. Das ist zwar nicht schlimm, bedeutet aber doch eine Umstellung, und ich muss meinen gewohnten Rhythmus ändern. Zum Lesen ist es dort zu ungemütlich und zu dunkel. Und kalt ist es. Winterlich kalt ohne wärmende Ofenhitze.

Freitag: Die Ruhe vor dem Sturm. Heute lassen wir es langsam angehen und beschränken uns darauf, die Schafe hier vor dem Haus zu hüten. Nicht, dass ein Leitschaf auf die Idee kommt, sich jetzt noch selbstständig zu machen. Reto und Mauro sind inzwischen auch bei uns eingetroffen. Mauro hat etwas länger gebraucht, weil er unterwegs eines meiner Schafe entdeckt hat. Ungefähr dort, wo Claudia mit den Mädchen den falschen Abzweig gewählt hatte, versteckte es sich hinter einem Baum.

»Hat geumpelt, die Schaf. Isch habe die Schaf mit Brot zu mir gelockt und untersucht. War verletzt an Haxe. Kann nix sagen, aber sah aus wie von Hund gebissen. Isch also wieder surück, Berg hinunter, Schaf vor mir hergetrieben. Isch abe die Schaf auf meine Hänger geladen und bin nach Hause gefahren. Jetzt ist bei Tierarzt. Was fir eine Aufregung!«

Auf den Schrecken hin machen wir uns einen feuchtfröhlichen Männerabend. Nicht zu feucht, aber doch feucht genug, um alle Schafs- und Sprachprobleme zu vergessen. Zeit für besinnliches Nachdenken? Fehlanzeige. Vielleicht noch einmal Samstagabend, wenn alles vorbei ist.

Samstag, der Tag des Abtriebs. Sechs Uhr aufstehen, gefüt-
terten Overall anziehen, schnell einen Kaffee kochen, um
wach zu werden, kurz den Leidensgenossen Guten Morgen
zuflüstern und dann die Schafe umrunden. Don und Duke,
den Renzo von unten mitgebracht hat, gehorchen hervorragend. Es ist eben doch etwas anderes, wenn Herrchen dabei
ist.

Die Zäune werden geöffnet, wir positionieren uns an
den strategisch günstigsten Stellen, und ab geht es, genau
den Weg entlang, den ich mit meinen Besuchern jedes Mal
hinauf- und hinabgestiegen bin. Was für ein Anblick: vier
Mann, zwei Hunde (Senta musste daheimbleiben; nächstes
Mal nehme ich wirklich den Maulkorb mit!) und zwölfhundert Schafe (plus Lämmer, minus eventuell fehlende Tiere).
Man kann sich gar nicht vorstellen, dass unterwegs nicht ein
paar Tiere verloren gehen. Aber das passiert nicht. Dazu sind
der Herdentrieb, die Angst vor den Hunden und die Freude
auf zu Hause zu groß.

Picknickpausen gibt es natürlich nicht. Kein Gras, keine
Brote. Schnurstracks marschieren wir in Richtung Parkplatz. Und weiter auf der Straße. Hoffen, dass uns kein
Auto entgegenkommt. Wir haben Glück. Kurz vor dem
Tunnel liegt linker Hand eine Wiese, wo wir die Schafe
einfrieden. In Windeseile stellen wir alle Zäune auf. Die
anderen siebenundzwanzig Besitzer der Herden helfen uns.
Sie sind Renzos Ruf gefolgt und aus allen Teilen des Tes-
sins zusammengekommen, um ihre Herden in Empfang zu
nehmen. Es sind alles Nebenerwerbsschäfer, die ihre Lämmer verkaufen und den Rest der Herde im Winter in den
hauseigenen Ställen unterbringen. Dann bauen wir Schleusen auf, durch die alle Schafe gehen müssen, um am Ende
über eine Weiche in verschiedene Pferche getrieben zu wer-

den. Je nach Farbe. Es gibt rote, grüne, graue, blaue, weiße Pferche.

Die Besitzerin einer Merinoschafherde steht auf dem Gatter, um ihre Tiere zu zählen. Plötzlich schwankt sie, fällt nach hinten, dreht sich irgendwie seltsam zur Seite und bleibt ohnmächtig im Gras liegen. Die Aufregung unter den anderen Besitzern ist groß. Selbst die Schafe spüren, dass irgendetwas nicht in Ordnung ist, und werden unruhig.

Ein Helikopter wird gerufen, der erstaunlich schnell zur Stelle ist und fast punktgenau vor den Füßen der Patientin landet. Die Frau, eine eigentlich sehr sportlich wirkende Tessinerin mittleren Alters, ist inzwischen wieder bei Bewusstsein. Sie entschuldigt sich tausendmal bei den Umstehenden, dass sie unsere Sammelaktion so abrupt unterbrochen und solchen Trubel verursacht hat.

Dabei sind wir nur froh, dass ihr offenbar nichts Ernstes passiert ist. Direkt vor Ort, vor aller Augen, kümmern sich die Rettungssanitäter um ihr verletztes Bein. Die Diagnose, die mir jemand gleich simultan übersetzt, lautet: ausgerenktes Kniegelenk. Mit einem energischen Ruck könnte der begleitende Arzt das Knie problemlos wieder einrenken. Trotzdem wird sie, ihrem vehementen Protest zum Trotz, auf einer Trage in den Heli geschoben und ins Krankenhaus geflogen.

Wir gehen davon aus, dass einer der übrigen Besitzer, der die Frau näher kennt, sich um ihre Herde kümmern wird, wie er es ihr zum Abschied zugerufen hat.

Aber das genügt ihr nicht. Keine zwei Stunden später hören wir Motorenlärm und unten auf der Straße hält ein Auto an. Heraus steigt, humpelnd und mit Krücken, dieselbe Dame. Dieses Mal zeigt sie lachend auf ihr Bein.

Sie gibt eine ausführliche Erklärung auf Italienisch ab, die mir von Renzo so übersetzt wird, dass ich vermute, man hat sie im Krankenhaus gründlich untersucht, nichts festgestellt und sie dann unmittelbar wieder entlassen.

Derweil haben schon etliche Besitzer ihre Tiere geordnet und gezählt. Am Ende die bange Frage: Wie viele fehlen? Im letzten Jahr hatte ich das große Glück, dass die Antwort ein klares »Kein einziges« war. Dieses Jahr, wie befürchtet, sieht es nicht ganz so rosig aus.

Fünfunddreißig Schafe aus drei Herden fehlen! Keiner der betroffenen Herdenbesitzer ist wütend auf mich. Sie sind gewohnt, dass es eine Nachsuche gibt. Bei den übrigen Besitzern sind Freude und Erleichterung dafür umso größer.

Die fehlenden Schafe bedeuten Überstunden für mich. Aber ich muss sowieso wieder hinauf und Weide und Haus aufräumen. Da werde ich notgedrungen eine ausgiebige Suchaktion einschieben.

Claudia erzähle ich, dass meine Heimkehr sich um einen oder zwei Tage verzögern wird. Ich weiß im Moment nicht, wo ich noch suchen soll, und habe keine Ahnung, wie lange es wohl dauert, bis die Verschollenen gefunden sind.

Abschied

Noch am Sammelplatz verabschiede ich mich von Renzo, Reto, Mauro und Don, der jetzt zu Duke in den Zwinger wandern wird. Hoffentlich freuen sich die Männer tatsächlich darauf, mich im nächsten Sommer wiederzusehen, wie sie beteuern.

»Dann wir missen aber wirklich Claudia und die Bambina kennenlernen!«, sagt Mauro. »Und mach Schule mit Senta.«

Da bin ich mir nicht so sicher. Aber das mit Claudia und Janika sollte sich machen lassen. Dann folgt der Abschied von meinen Lieblingstieren. Shaun kann ich nicht sehen, aber Gretel und ihre Mama sind dort drüben bei ihrem Besitzer, einem leicht verdrießlich aussehenden Mann. Ich laufe noch einmal zu ihrem Gatter und gebe Gretelchen einen Kuss auf die Nasenspitze. Sie wird mir wirklich fehlen. Soll ich ihn fragen, ob ich Gretel mit nach Hause nehmen darf? Ich überlege schnell, ob ich Platz für sie hätte und wie ich mein Gepäck dann verstauen müsste.

Aber nein. Das ist doch Unsinn. Gretel gehört hierher in die Schweiz in ihre Herde und zu ihrer Mutter. Zum Glück ist sie ja kein Böckchen, und es wird ihr nichts passieren.

Wieder oben. Als Erstes baue ich die Netze ab. Kaum zu glauben, wie viele Netze man in so einem Schafsommer aufgebaut hat. Und dann die Stahlzäune! Fünfzig Meter Zaun hin- und hertragen ist eine Strapaze. Auch drüben in Scaradra stehen noch ein paar alte Einfriedungen. Ich schmeiße alles auf einen Haufen und marschiere wieder zurück. Teilweise verstecke ich die Zäune windgeschützt hinter Blaubeersträuchern oder größeren Steinbrocken. Dort kann sie der Hirte im nächsten Jahr wieder hervorholen. Ob ich das sein werde?

Zwei Wünsche habe ich: Zum einen würde ich zu gern die fünfunddreißig ausgebüxten Schafe wiederfinden, zum anderen möchte ich ebenso gern mein Gepäck hinunterbeamen können. Beides ist wenig realistisch. Außerdem soll es wieder schneien. Vorher müssen alle Zäune sorgfältig verstaut sein. Sie werden zusammengelegt und in die Netze eingerollt. Das Wetter ist schlechter, als von Renzo angekündigt. Bereits heute Abend wird wieder Schnee erwartet. Im Moment regnet es allerdings nur. Auf dem glitschigen Boden geht es an Steinen vorbei durch Matsch und Nässe. Unangenehm.

Eine Alm besenrein zu übergeben ist keine leichte Aufgabe.

Ich renne hin und her. Überall, wo ich Zäune abbaue, blicke ich auch in die Ferne, um vielleicht die Schafe irgendwo zu erspähen. Nichts. Es ist wie verhext. Seit meinem zweiten Jahr kenne ich eigentlich alle Wege und Schlupflöcher, dachte ich zumindest. Ich hätte im Traum nicht für möglich gehalten, dass man sich irgendwo auf meiner Alp vor mir verstecken könnte. Und wenn sie nicht mehr auf meiner Alp sind?

Sei's drum. Ich widme mich erst mal meinem Haus. Es muss schließlich auch gereinigt werden. Ich packe meine Klamotten ein, die kaputten Schuhe und alles, was ich in den verbleibenden Stunden – oder Tagen – nicht mehr brauchen werde, ein paar Lebensmittel, die ich nicht hier oben lassen möchte, weil sie verderblich sind, ausgelesene Bücher.

Dann setze ich mich auf die mir lieb gewordene Bank am Ofen. Hundert Tage. So ungefähr jedenfalls. Eine ganz schön lange Zeit. Werde ich hierher zurückkommen? Werde ich diese Bank wiedersehen und das ganze Haus, die Alpe und den Stausee? Und Gretel? Will ich denn wiederkommen? Einerseits ja, schließlich gehört diese Alpzeit inzwischen zu meinem Leben wie Weihnachten und Ostern und Waldgeisternacht im Landauer Zoo. Andererseits würde es mich reizen, andere Gegenden und andere Alpenregionen kennenzulernen. Wie gut, dass ich mich nicht jetzt entscheiden muss. Ich habe fast ein Jahr Zeit, es mir zu überlegen.

Aber eines weiß ich ganz genau: Wenn ich unten im hektischen Großstadtleben kaum mehr Zeit zum Atmen finde, dann werde ich mich hierher zurücksehnen. In die unglaubliche Stille und Schönheit der Alpe Garzott im Tessin.

Der letzte Abend. Das letzte Mal in meinem breiten Bett schlafen, ganz allein (von Senta abgesehen natürlich). Noch einmal lausche ich den Geräuschen der Alpnacht. Viel ist nicht zu hören, das Rascheln der Sträucher im Wind, das Pfeifen der Murmeltiere und das Tropfen des Wasserhahns. Das Tropfen des Wasserhahns? Ich stehe noch einmal auf und drehe ihn richtig zu.

Ich habe beschlossen, morgen nach Hause zu fahren. Da

ich die Schafe nicht finden konnte, ist es sinnlos, tagelang hier auszuharren. Renzo hat die Meldung weitergegeben, wie viele Tiere uns fehlen. Den Krimi habe ich auch zu Ende gelesen. Morgen packe ich meinen Seesack. Da passt alles Übriggebliebene hinein, und ich muss nicht zweimal nach unten laufen.

Ich kann nicht einschlafen. Zu viele Dinge spuken mir im Kopf herum. Ganz unterschiedliche Bilder und Empfindungen, der türkisblaue und spiegelglatte See, die Hitze unter meinem Armeeoverall nach einer morgendlichen Bergwanderung oder das wuschelige Fell von Gretel. Ich muss wohl wieder Schafe zählen. Wie in meiner ersten Nacht in Renzos Haus. Also fange ich an, all die Schafe namentlich durchzugehen, die ich kenne.

Und dann ist morgen. Sechs Uhr. Noch einmal Frühstück mit Haferflocken aus der braunen Keramikschale mit den Resten von Claudias mitgebrachter H-Milch. Da fallen mir die Tabletten ins Auge. Kalzium und Magnesium. Diese Extras sind im entbehrungsreichen Hirtenleben ganz besonders wichtig. Gegen Muskel- und Wadenkrämpfe oder für den Aufbau der Knochen zum Beispiel. Sollte jeder Hirte im Gepäck haben. Ich schlucke die Tagesdosis mit Wasser hinunter.

Nach dem Frühstück klingelt mein Handy. Riccarda berichtet mir voller Freude, dass die verlorenen Schafe auf einer Nachbaralp aufgetaucht sind. Bei der Zählaktion des dortigen Schäfers wurden sie ausgesondert und heute im Lauf des Tages holen ihre Besitzer sie ab. Jetzt ist alles gut. Alles erledigt und ich kann wirklich in Ruhe nach Hause fahren.

Ich suche meine restlichen Sachen zusammen. Den Schlafsack verstaue ich und die Waschutensilien. Den Schlafanzug obendrauf. Dann ist der Seesack voll. Ein paar Minuten Innehalten müssen noch sein. Ich setze mich hinters Haus auf den Stuhl, atme tief die würzige, kühle Luft ein. Da fängt es an zu schneien. Der Winter verkündet, dass er jetzt die Herrschaft übernimmt. Na gut, soll er. Ich beeile mich besser, damit ich nicht durch den Schnee nach unten stapfen muss.

Den Seesack geschultert, die Tür zugezogen. Noch ein wehmütiger Blick zurück auf die Hütte, und dann geht's los. Zum letzten Mal in diesem Sommer laufe ich den Weg hinunter in Richtung Zivilisation. Senta ist bei mir. Senta, die meine Alpzeit von Anfang bis Ende begleitet hat.

Trotz des schweren Seesacks komme ich gut voran. Bloß nicht wieder irgendwelche Wirbel verrenken. Ich bin lieber vorsichtig und ruhe mich von Zeit zu Zeit aus. Als ich unten ankomme, ist sogar die Käsefrau verschwunden. Verwaist steht mein roter Landy auf dem Parkplatz und erwartet mich. Der Seesack passt noch auf die Rückbank, Senta springt in den Kofferraum. Fertig.

Ich fahre die Straße entlang und schaue mehrmals in den Rückspiegel. Aber was ist das? Rechts auf dem Berg, auf einem Absatz auf halber Höhe, steht etwas. Etwas Weißes. Etwas Wolliges. Ist das nicht ein Schaf? Ich halte an und drehe mich um. Es sieht aus wie ein Schaf, das grinst. Aber vielleicht bilde ich mir das auch nur ein.